Hundert Versuche aus der Mechanik

Von

Georg v. Hanffstengel

a. o. Professor an der Techn. Hochschule
Charlottenburg

Mit 100 Abbildungen im Text

Berlin
Verlag von Julius Springer
1925

ISBN-13: 978-3-642-90508-7   e-ISBN-13: 978-3-642-92365-4
DOI: 10.1007/ 978-3-642-92365-4

Vorwort.

Was du ererbt von Deinen Vätern hast,
erwirb es, um es zu besitzen.
Was man nicht nützt, ist eine schwere Last;
nur was der Augenblick erschafft, das kann er
nützen.

(Goethe, Faust, I. Teil.)

Alle modernen Schulreformer sind darüber einig, daß das Selbsterarbeiten des Unterrichtstoffes durch den Schüler viel mehr gefördert werden muß als bisher. Man hat erkannt, daß

1. die Erziehung des Schülers zum selbständigen Denken und Arbeiten wichtiger ist als das Einpauken umfangreichen Wissenstoffes,

2. auch das umfangreichste Wissen — abgesehen von seinem unter Umständen zweifelhaften Wert — bald wieder verloren zu gehen pflegt, wenn es nicht durch eigene Denkbarkeit erworben ist.

Diese beiden Gesichtspunkte rechtfertigen jeden scheinbaren Mehraufwand an Zeit, der für „Arbeitsunterricht“, seminaristische Übungen usw. nötig ist.

Der junge Mensch ist auf begriffliches Denken im allgemeinen nicht eingestellt; am wenigsten pflegt das bei solchen jungen Leuten der Fall zu sein, bei denen ausgesprochene Liebe zum technischen Beruf vorhanden ist. Für die Gewöhnung an eigenes Arbeiten sind deshalb vorzugsweise die Fächer geeignet, bei denen dem Schüler der Stoff anschaulich nahegebracht werden kann, in den allgemeinen Schulen also die Naturwissenschaften und der Handwerksunterricht (meist wenig zutreffend „Handfertigkeitsunterricht“ genannt). Sie sind von entscheidender Wichtigkeit für die Entwicklung der schöpferischen Veranlagung und damit der höchsten Eigenschaften des Menschen. Leider sind in früherer Zeit diese Möglichkeiten, die im naturwissenschaftlichen Unterricht liegen, meist nicht ausgenutzt worden. Man hat auf den Schulen, z. B. in der Mechanik, Formeln und Lehrsätze gepaukt und Fachwissen zu vermitteln gesucht — ein Verfahren, das ohne Wert für den künftigen Juristen oder Philologen und nur von bescheidenem Wert für den angehenden Techniker ist. Auf den technischen Lehranstalten war es zuweilen nicht besser — dementsprechend oft ein geradezu erschreckend geringer Wirkungsgrad des Mechanikunterrichts und völlige Hilflosigkeit der aus solchen Lehranstalten hervorgegangenen Praktiker gegenüber jeder Aufgabe, die nicht mit Formeln zu lösen war. Niemals hat man daran gedacht, dem Chemiker und dem Elektrotechniker ein in solchem Maße begrifflich aufgebautes Studium zuzumuten, wie es beim Maschinenbau der Fall war.

Jeder Techniker, einerlei auf welcher Stufe er steht, sollte wenigstens die elementare Mechanik im kleinen Finger haben! Bei jeder Aufgabe, die ihm begegnet, müssen von selbst die Klappen fallen, müssen die Gesetze der Mechanik, die für den Fall nötig sind, selbsttätig aufmarschieren, ohne daß er nach ihnen zu suchen braucht. Das ist aber nur möglich, wenn der Techniker mit diesen Gesetzen nicht durch Kreidestriche, sondern durch eigene Erfahrung vertraut geworden ist, wenn er mit eigenen Augen gesehen und mit seinen Händen gefühlt hat, wie die Kräfte wirken.

Gerade bei intelligenten und kritisch veranlagten Menschen regt sich oft zunächst ein großes Mißtrauen, ein starker unbewußter Widerstand gegen die Übertragung von Formeln auf die Erscheinungen der Wirklichkeit. Das Modell kann für solche Menschen ganz besonders nützlich sein, weil es die Dinge halb schematisch, halb wirklich darstellt und so eine Brücke vom begrifflichen Denken zur Wirklichkeit baut.

Im Sinne dieser Ausführungen soll das vorliegende Büchlein dazu beitragen, den Mechanikunterricht an Lehranstalten aller Art, von der Volkschule und der Berufschule angefangen über Gymnasium und Oberrealschule hinaus bis zur Technischen Hochschule und Universität zu beleben und fruchtbar zu machen und, was besonders wichtig ist, die Einführung von Übungen neben dem Vortrag zu fördern. Weiter wird es hoffentlich den Erfolg haben, daß der einzelne Schüler und Studierende, vielleicht auch mancher Praktiker, sich in seinen Freistunden zu Hause mit Versuchen aus der Mechanik beschäftigt. Endlich können die Industriefirmen für das Ausprobieren neuer Mechanismen und die Untersuchung von Vorgängen an Maschinen manche Anregung daraus erhalten.

Von anderen Büchern, in denen Versuche aus der Mechanik beschrieben sind, unterscheidet sich die vorliegende Arbeit insofern, als die in der Technik auftretenden praktischen Aufgaben in erster Linie berücksichtigt sind. Ich hoffe, daß die Arbeit dadurch nicht nur für die technischen Lehranstalten, sondern auch für die allgemein bildenden Schulen, bei denen heute durchweg großes Interesse für die technischen Anwendungen der Naturwissenschaft besteht, besonderen Wert erhält.

Für die Beschreibung der Versuche ist das Universal-Mechanik-Modell „Pantechno"[1]) zugrunde gelegt, weil dieser von dem Ingenieur Fr. Döhle, Berlin, und dem Verfasser konstruierte Apparat

---

[1]) Herausgegeben von der Technisch-Wissenschaftlichen Lehrmittelzentrale, Berlin NW 87, Sickingenstr. 24.

in besonders einfacher und zweckmäßiger Weise eine geradezu unerschöpfliche Fülle von Versuchen auszuführen erlaubt und dabei verhältnismäßig wenig kostspielig in der Anschaffung ist. Mit Rücksicht hierauf ist an die Spitze eine allgemeine Gebrauchsanweisung zum „Pantechno" gestellt. Das Buch wird aber, wie ich hoffe, auch dort, wo vorläufig ein solcher Apparat fehlt und nicht beschafft werden kann, reiche Anregungen für die Ausführung von Versuchen mit vorhandenen Hilfsmitteln geben.

Die Zusammenfassung der Versuche in Gruppen soll dem leichteren Auffinden der einzelnen Versuche dienen und hat mit einer wissenschaftlichen Systematik nichts zu tun.

Eine Anzahl Vorschläge zu Versuchen sind mir von anderer Seite zugegangen; ich möchte nicht versäumen, an dieser Stelle herzlichst dafür zu danken. Insbesondere bin ich für verschiedene wertvolle Anregungen Herrn Prof. Eugen Meyer, Charlottenburg, zu Dank verpflichtet, der sich mit großem Erfolg bemüht hat, den Hochschulunterricht in Mechanik in dem erörterten Sinne zu verbessern[1]), ebenso der Staatlichen Hauptstelle für den naturwissenschaftlichen Unterricht, Berlin, die sich um die Einführung von Demonstrationsversuchen und namentlich auch von Übungen an den Schulen große Verdienste erworben hat.

Herrn Dr.-Ing. Georg Sachs, Berlin-Dahlem, bin ich für freundliche Durchprüfung der Handschrift verbunden.

Sehr dankbar werde ich sein für jede Anregung zur Vervollkommnung der mitgeteilten Versuchsanordnungen und zur Ausführung neuer Versuche.

Charlottenburg, im Februar 1925.

Ahornallee 50. G. v. Hanffstengel.

---

[1]) Vgl. den Aufsatz von Prof. Eugen Meyer: „Die Verwendung von Modellen zur Veranschaulichung wichtiger Sätze der technischen Mechanik im Hochschulunterricht für Maschineningenieure" (Z. d. V. d. I. 1909, S. 1301), aus dem die folgenden Sätze angeführt seien: „... vielmehr sollten die hauptsächlichen Gesetze der Mechanik dem Maschineningenieur so in Fleisch und Blut übergehen, daß er ein unmittelbares, praktisches Gefühl für die Bewegungserscheinungen der Mechanik bekommt ..." und weiter: „Ich ... möchte es als eine Lebenserfahrung hervorheben, daß die Mechanik und gerade auch die technische Mechanik einen außerordentlich hohen Bildungsgehalt besitzt."

Inhaltsverzeichnis.

		Versuch		Seite
Allgemeine Anweisung zum Gebrauch des Universal-Mechanik-Modelles „Pantechno"				1
Beschreibung der Versuche				7
I. Der Hebel und seine Anwendungen	1	bis	22	7
II. Kräftepaare	23	„	25	15
III. Zusammensetzung und Zerlegung von Kräften	26	„	40	16
IV. Arbeit. Übersetzung	41	„	47	23
V. Anwendungen der Rolle	48	„	53	26
VI. Schiefe Ebene. Keil. Schraube	54	„	56	29
VII. Reibung	57	„	62	31
VIII. Grundlagen der Dynamik	63	„	68	33
IX. Das Pendel. Schwingungslehre. Trägheitsmoment	69	„	81	36
X. Fliehkraft. Kreisel	82	„	86	41
XI. Kinematik	87	„	89	44
XII. Elastizitätslehre	90	„	100	45

Allgemeine Anweisung zum Gebrauch des Universal-Mechanik-Modelles „Pantechno".

Die einzelnen Teile des Modelles sind mit kleinen lateinischen Buchstaben bezeichnet, die in die Zeichnungen für die Versuche (s. die Beschreibung von Versuchen) eingeschrieben sind, wo es erforderlich erschien. Falls eine Zeichnung nicht ohne weiteres verständlich ist, kann man daher nach der „Allgemeinen Anweisung" feststellen, welche Teile gemeint sind.

Tafel *a*. Die Tafel wird mit den an den Leisten angebrachten Ösen an leichten in die Wand geschlagenen Haken aufgehängt. Man kann die Tafel auch so anbringen, daß die längere Seite senkrecht steht. Dadurch, daß man mehrere Tafeln neben- oder übereinander aufhängt, kann die Tafelfläche für Demonstrationsversuche beliebig vergrößert werden. Es empfiehlt sich, zwei nebeneinandergehängte Tafeln durch Platten *s* mit Schrauben *h* (Abb. I oben) fest miteinander zu verbinden; dadurch erhält man die richtigen Abstände zwischen den Lochreihen der beiden Tafeln.

Will man ausnahmsweise die Tafeln auf dem Tisch stehend benutzen, so bringt man an den beiden Leisten einfache Konsolen an.

Für bestimmte Versuche wird die Tafel wagerecht auf den Tisch gelegt. Die Tafel ist auch als Reißbrett zu verwenden.

Kasten *b*. Will man den Kasten, der zur Aufbewahrung der Einzelteile dient, an der Wand anbringen, so legt man ihn am besten auf zwei unterhalb der Tafel leicht in die Wand geschlagene Bankeisen auf, so daß er bei Flaschenzug- und ähnlichen Versuchen. bei denen freier Raum für die niedersinkenden Gewichte erforderlich ist, bequem abgenommen werden kann.

Die **Schienen** *c* werden als Hebel, Lenker, für Durchbiegungsversuche und anderes mehr benutzt. Mittels der Schrauben *h* kann man sie in ganz beliebiger Weise miteinander verbinden und gegeneinander versteifen (Abb. II). Auf diese Weise lassen sich starre Hebel oder Druckstäbe herstellen. Um einen Hebel von größerer Länge zu erhalten, schraube man die Schienen nach Abb. III oder IV zusammen. Für die meisten Versuche sind die überstehenden Enden als einfache Schienen steif genug.

Man kann den Hebel entweder um einen Stift *f* von 5 mm Durchmesser sich drehen lassen, der einfach durch die Löcher des Hebels hindurchgesteckt wird, oder man bringt, um die Reibung zu ver-

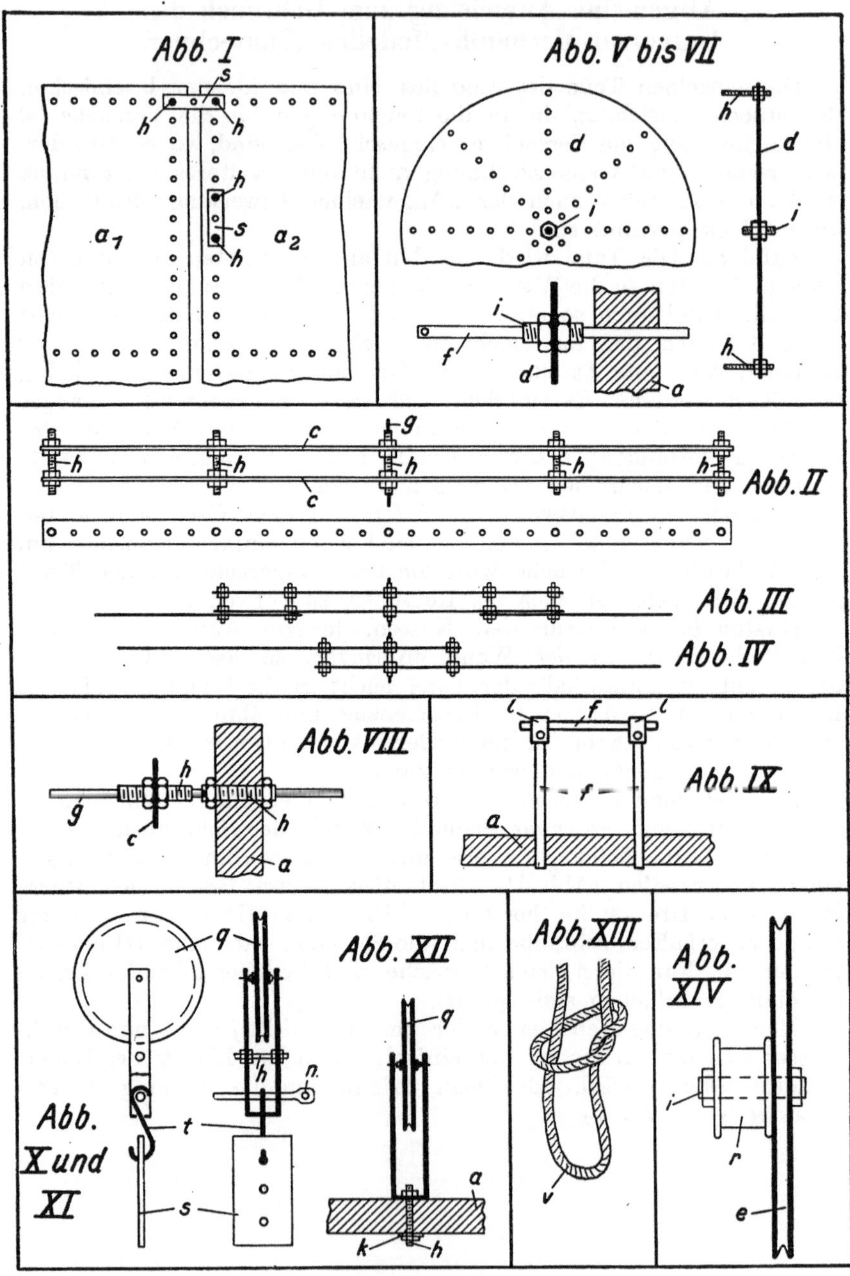
Abb. I
s
h
h
h
s
h
a₁
a₂
Abb. V bis VII
d
i
i
d
i
f
d
a
h
h
c
g
h
h
h
h
h
c
Abb. II
Abb. III
Abb. IV
Abb. VIII
h
g
c
h
a
l
f
l
f
a
Abb. IX
q
Abb. XII
q
h
n.
t
a
Abb.
X und
XI
s
k
h
Abb. XIII
v
Abb.
XIV
i
r
e

ringern, in dem Drehpunkt einen durchbohrten Gewindestift h an und führt einen Stift g von 2,5 mm Durchmesser in die Bohrung ein (vergl. Abb. II).

Für einen leicht belasteten Hebel genügt eine einfache Schiene nach Abb. VIII.

Die Teilung der Löcher des Hebels stimmt mit der Lochteilung der Tafel überein, so daß man den Hebel durch Einstecken mehrerer Stifte oder Schrauben starr an der Tafel befestigen und, z. B. für Seildurchhangsversuche, nach einer Seite überkragen lassen kann.

Die **Scheibe d** mit radial verlaufenden Lochreihen hat dieselbe Lochteilung. In der Mitte wird einer der durchbohrten Gewindestifte i von 10 mm Durchmesser mit Muttern befestigt, die fest anzuziehen sind (Abb. V bis VII). Dieser Gewindestift dient als Nabe. Will man zur Verminderung der Reibung auch hier einen Drehzapfen von 2,5 mm Durchmesser verwenden, so kann man einen 5 mm starken durchbohrten Gewindestift h in die Nabe einführen.

Um an einer dünnen Blechscheibe Gewichte aufhängen zu können, benutzt man nach Abb. VI 5 mm-Gewindestifte h, die einseitig vorstehen. Es wird in der Regel erforderlich sein, gegenüber einen zweiten Stift als Gewichtsausgleich anzubringen. Einfacher und in den meisten Fällen ausreichend ist es, wenn man die Drahthaken t unmittelbar in die Löcher einhängt.

Die **Rillenscheibe e** wird ebenfalls auf einen 10 mm-Gewindestift i als Nabe gesetzt. Um die Scheibe, z. B. bei Fliehkraftversuchen, mit der Hand zu drehen, stecke man in eines der kleinen Löcher einen Aluminiumstift. Eine Schnur läßt sich am Umfang am besten in der Weise befestigen, daß man an einem Schnurende eine Schleife macht, die Schnur um den Scheibenumfang legt, das andere Ende der Schnur durch die Schleife hindurchführt und nun die Schnur am Scheibenumfang festzieht. Falls die Reibung nicht genügt, lege man in die Rille ein Gummiband w ein.

Die **glatten Stifte f** von 5 mm Durchmesser passen knapp in die Löcher der Tafel. Sollte ein Loch sich zu sehr geweitet haben, so braucht man es nur etwas zu befeuchten, damit die Stifte wieder fest sitzen. Geht ein Stift etwas schwer in ein Loch hinein, so steckt man in die Bohrung am Ende des Stiftes einen 2,5 mm-Stift g und dreht damit den Stift f in das Loch hinein.

Die **glatten Stifte g** von 2,5 mm Durchmesser dienen in erster Linie als Drehzapfen bei solchen Versuchen, bei denen die Belastung nicht groß ist und die Reibung möglichst vermindert werden soll.

Nebenbei dienen die Stifte g dem oben zu f erläuterten Zweck; sie können während des Versuches in der Bohrung belassen werden,

um ein Abgleiten der auf den Stift gesetzten Scheiben, Hebel usw.
zu verhindern.

Die **Gewindestifte** h von 5 mm Durchmesser dienen als Ver-
steifungsbolzen, wie bei Besprechung der Flachschienen c erläutert,
und für eine große Anzahl anderer Zwecke. In die Bohrung passen
die 2,5 mm-Stifte g hinein. Um einen Stift g an der Tafel zu befestigen, wird ein Gewindestift h in der durch Abb. VIII erläuterten
Weise an der Tafel angebracht und der Stift g in die Bohrung ein-
geführt.

Man kann, wie in Abb. VIII gezeigt, mittels eines Gewindestiftes h
auch eine einfache Schiene c mit einer Nabe versehen, so daß sie
sich als Hebel benutzen läßt, der bei dieser Ausführung den Vor-
zug geringen Gewichtes hat.

Die **Gewindestifte** i von 10 mm Durchmesser dienen, wie schon
erläutert, als Naben für die Scheiben. Man kann mit Hilfe dieser
Gewindestifte auch mehrere Scheiben zusammenspannen (Abb. XIV).
Die Stifte i sind zum Teil mit Stellschrauben versehen, so daß sie
sich auf einem Stift f festklemmen lassen. Die Stifte i können auch,
über die Stifte f geschoben, als Stellringe oder einfach als „Distanz-
stücke“ benutzt werden, zu dem Zwecke, Hebel oder Scheiben in
der richtigen Entfernung von der Tafel zu halten.

Der **Schraubenschlüssel** k besitzt zwei Öffnungen zum Anziehen
der Muttern für die Gewindestifte h und i. Meist genügt es indessen,
die Muttern mit der Hand anzuziehen.

Die **großen Stellringe** l passen auf die 5 mm-Stifte und dienen
zunächst dazu, irgend ein auf den Stift gesetztes Stück — Hebel,
Scheibe usw. — in bestimmter Lage festzuhalten. Weiter werden
sie nach Abb. IX benutzt, um an einem Stift einen zweiten Stift
quer dazu anzubringen. Man kann z. B. auf diese Weise auf einem
flach liegenden Brett eine Art Bockgerüst bauen und auf den wagerechten Stift einen Hebel setzen.

Die **kleinen Stellringe** m werden, wenn erforderlich, auf die
2,5 mm-Stifte g gesetzt, um ein Abgleiten der darauf schwingenden
Teile zu verhüten.

Die **Aluminiumstifte** n dienen hauptsächlich zum Anhängen von
Gewichten an Rollenbügel oder Hebel und als Gelenkzapfen.

Die **Unterlagscheiben** p sind dazu bestimmt, irgendwelche Teile
in der richtigen Entfernung voneinander zu halten oder ein glattes
gegenseitiges Drehen solcher Teile zu ermöglichen, die an sich keine
geeignete Form dafür haben.

Die **Schnurrollen** q können mit oder ohne Bügel verwendet
werden. Die Bügel lassen sich leicht abnehmen, wenn man sie
etwas auseinanderbiegt. Nimmt man nun auch die Achsen heraus,
so kann man die Rollen auf einen 2,5 mm-Stift g stecken, der etwa

nach Abb. VIII an der Tafel befestigt ist. Um zu verhindern, daß unter besonders starker Belastung der Rollenbügel sich von selbst aufbiegt, hält man erforderlichenfalls die beiden Schenkel durch einen Gewindestift zusammen (Abb. X und XI).

Die Rollenbügel werden an der Tafel oder an dem Hebel gewöhnlich nur durch einen Stift befestigt, doch kann man sie durch Einstecken eines zweiten Stiftes auch in bestimmter Lage festhalten oder durch einen Gewindestift h in beliebiger, auch schräger Stellung an der Tafel festklemmen.

Um die Schnurrollen als lose Rollen zu benutzen, steckt man durch das Loch am Fuß einen Drahthaken t hindurch und hängt ihn auf einen Aluminiumstift n (Abb. X und XI), oder man hängt den Drahthaken einfach über den Fuß des Bügels.

Man kann die Rollen auch an der Tafel oder am Hebel festschrauben, indem man durch das Loch am Fuße einen Gewindestift h hindurchsteckt (Abb. XII).

Die **Laufrollen** r erhalten 10 mm-Gewindestifte i als Naben. Das Zusammenspannen mit einer der Scheiben d oder e ist in Abb. XIV erläutert.

Auf den **Gewichtsplatten** s findet sich das Gewicht in Gramm aufgestempelt. Lochteilung wie bei Tafel, Hebel und Scheibe. Die Platten lassen sich nicht nur als Gewichte, sondern auch in sehr vielseitiger Weise benutzen, um verschiedene Teile zusammenzuspannen oder an der Tafel zu befestigen. Für diesen Zweck können die Platten auch in roher Form, nicht als Gewichte justiert, benutzt werden.

Um ein häufig gebrauchtes oder besonders schwer belastetes Loch der Tafel zu verstärken, nimmt man eine Platte s und schraubt sie oben und unten mit Gewindestiften h auf die Tafel auf (Abb. I unten). Das mittlere Loch kann dann als Träger für einen stark belasteten Stift dienen. Nötigenfalls wird auf der Rückseite des Brettes eine zweite Platte angebracht.

Die **Drahthaken** t dienen hauptsächlich zum Befestigen von Gewichten und Schnüren. Die Haken haben bestimmt bemessene Gewichte (die stärkeren Haken 1 g), sind also als Ergänzung zu den Gewichtsplatten zu benutzen. Man vergesse nicht, nötigenfalls das Gewicht eines Hakens an dem Hebel oder an der Scheibe durch einen gegenüber angebrachten Haken auszugleichen. Bei Demonstrationsversuchen kann es zweckmäßig sein, die Gewichte nicht hintereinander auf einen Haken, sondern mittels weiterer Haken untereinander zu hängen, so daß die Größe der Belastung von weitem leicht zu erkennen ist.

Die Haken lassen sich erforderlichenfalls leicht so verdrehen, daß die beiden Krümmungen senkrecht zueinander stehen.

Der **Doppelhaken** u dient zum Aufhängen eines Hebels an der durch einen Gewindestifte h gebildeten Nabe zu dem Zwecke, den Auflagerdruck zu bestimmen. Um die obere Krümmung des Hakens wird eine Schnur geschlungen.

Schnur v. Um ein Gewicht an einer beliebigen Stelle der Schnur anzuhängen, bilde man einen Knoten nach Abb. XIII und ziehe ihn fest. Durch Glattziehen der Schnur läßt sich der Knoten wieder entfernen. Für Demonstrationsversuche kann der guten Sichtbarkeit wegen die Benutzung einer starken weißen Baumwollschnur zweckmäßig sein. Zur Verringerung des Steifigkeitswiderstandes beim Übergang über Rollen ist bei feineren Messungen ein dünner Faden zu verwenden.

Die **Gummibänder** w werden, falls erforderlich, in einen Schnurtrieb eingeknotet, um das Band elastisch zu machen.

Die **Feile** x ist beigegeben, damit Hebel usw., die in irgendeiner beliebigen Weise zusammengebaut sind, nötigenfalls durch Abnehmen von etwas Material genau im Gewicht ausgeglichen werden können. Das Nacharbeiten mit der Feile empfiehlt sich besonders dann, wenn der betreffende Hebel in unveränderter Form häufiger benutzt werden soll. Sonst genügt ein Ausgleich durch angehängte Häkchen oder eingesetzte Aluminiumstifte.

Durch Gebrauch von Federwagen an Stelle gewichtsbelasteter Schnüre läßt sich der Versuchsaufbau in manchen Fällen noch etwas erleichtern. Eine besondere Anweisung ist hierfür nicht erforderlich.

Bei Beschreibung der Versuche ist angenommen, daß der Experimentierende sich mit der „Allgemeinen Anweisung" vertraut gemacht hat. Es ist z. B. nicht immer wieder darauf hingewiesen, daß „Doppelschienen" aus zwei einfachen Schienen unter Zuhilfenahme von Gewindestiften h zur Versteifung hergestellt werden.

Die Teile können nicht nur so, wie hier und bei den einzelnen Versuchen beschrieben, sondern in anderer sehr verschiedenartiger Weise zum Zusammenbauen von Versuchseinrichtungen benutzt werden.

Beschreibung der Versuche.

Die Nummern der Abbildungen entsprechen denen der zugehörigen Beschreibungen.

I. Der Hebel und seine Anwendungen.

1. Zweiarmiger Hebel.

Eine einfache Schiene c wird, wie auch in der Gebrauchsanweisung (Abb. VIII) dargestellt, mit einem Gewindestift h auf einem Stift g gelagert. Im Gleichgewichtzustande müssen die Momente, auf den festen Drehpunkt A bezogen, einander gleich und entgegengesetzt sein.

Man beachte die Gewichtswirkung der Haken t und gleiche sie nötigenfalls durch gegenüber angehängte Haken aus!

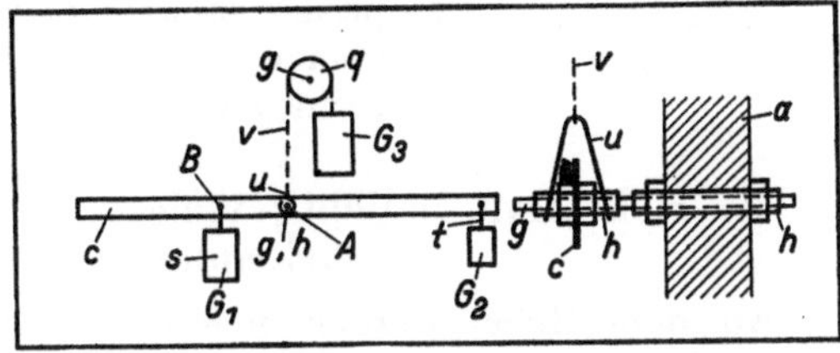

Abb. 1.

Der Stützdruck im Drehpunkt wird ermittelt, indem man mit dem Doppelhaken u den Hebel an einer Schnur v aufhängt, die über eine fest gelagerte Rolle q führt. Zunächst ist das Eigengewicht des Hebels auszugleichen. Die dann noch erforderliche Belastung ist gleich der Summe der an den Hebel gehängten Gewichte.

2. Ersetzen des Gewichtes durch einen Schnurzug.

Das Gewicht G_1 wird abgenommen und das Gleichgewicht dadurch hergestellt, daß man mit der Hand an einer an derselben Stelle, im Punkte B, befestigten Schnur v zieht. Die Kraft wird dann in der Weise zur Wirkung gebracht, daß man die Schnur, die in geeigneter Weise über Rollen geführt ist, mit dem Gewicht G_1 belastet.

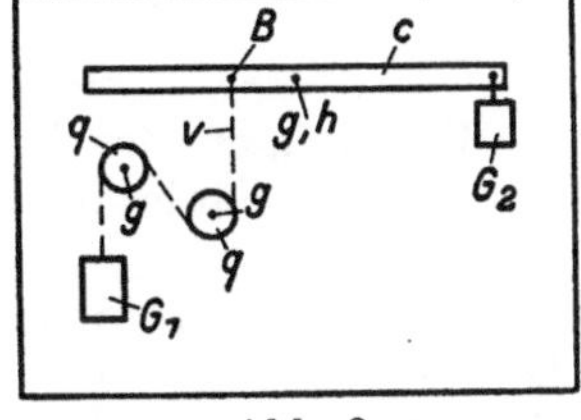

Abb. 2.

Falls eine Federwage vorhanden ist, kann man zunächst diese in den Hebel einhängen, nachdem gegenüber ein Ausgleichgewicht angebracht ist, und durch Ziehen an der Federwage die auftretende Kraft für den Gleichgewichtsfall bestimmen.

3. Einarmiger Hebel.

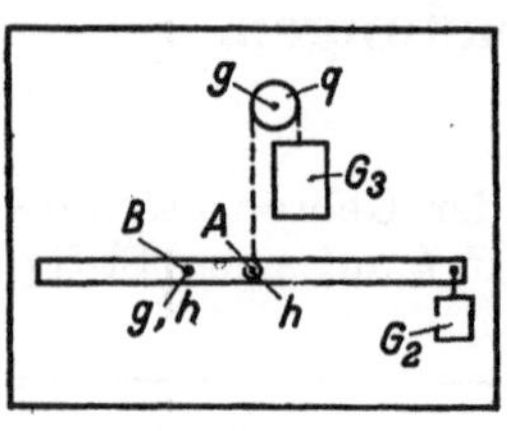
Abb. 3.

Die Schnur v nach Versuch 2 wird entfernt und der Hebel am Punkte B durch einen Stift g mit Gewindestift h an der Tafel befestigt. Die an dem bisherigen Drehpunkt A wirkende Auflagerkraft wird, wie bei Versuch 1, durch einen Schnurzug mit Gewichtsbelastung G_3 ersetzt. (Eigengewicht ausgleichen!)

Man kann jetzt den Punkt B als Drehpunkt eines einarmigen Hebels ansehen, an dem eine senkrecht nach oben und eine senkrecht nach unten wirkende Kraft angreift.

4. Hebel mit beliebig vielen, in verschiedenem Sinne wirkenden Kräften.

An dem Hebel werden mehrere Kräfte, auch solche, die nach oben wirken, angebracht. Für den Gleichgewichtszustand muß sein: Summe der rechtsdrehenden Momente = Summe der linksdrehenden Momente. Der Stützdruck im Drehpunkt ist wie früher zu ermitteln.

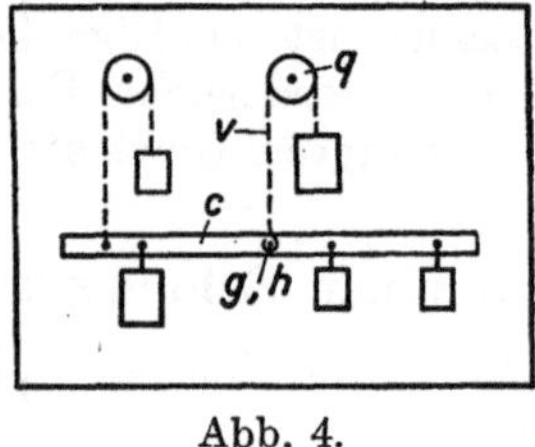
Abb. 4.

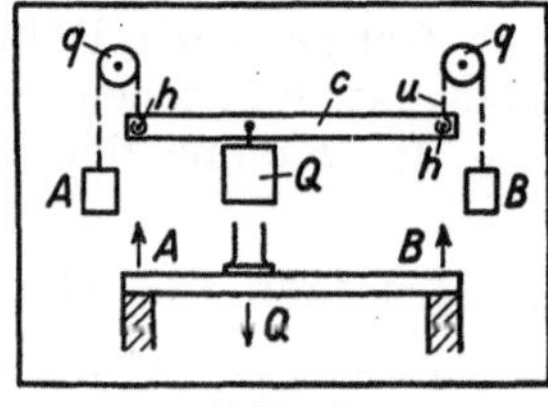
Abb. 5.

5. Träger auf zwei Stützen.

Ein Träger, der beiderseits auf Mauern ruht (untere Skizze), ist durch eine Säule belastet. Wie groß sind die Stützdrucke bei A und B?

Eine einfache Schiene c wird an beiden Enden mit eingesetzten Gewindestiften h und Doppelhaken u an Schnüren v aufgehängt; diese werden zunächst so belastet, daß das Eigengewicht der Schiene ausgeglichen ist. Die Belastung Q durch die Säule verteilt sich dann im umgekehrten Verhältnis der Abstände auf die Auflagerpunkte.

6. Stützdrucke eines Brückenträgers.

Eine einfache Schiene c wird an beiden Enden aufgehängt, wie bei Versuch 5, und zunächst ihr Eigengewicht ausgeglichen. Die

Radlasten einer Lokomotive werden nun in entsprechenden Abständen, in beliebigem Verhältnisse verkleinert, aufgebracht. Durch Rechnung und Versuch ist festzustellen, welche Stützdrucke A und B entstehen. Von dem Eigengewicht Q des Trägers entfällt auf jedes Auflager die Hälfte.

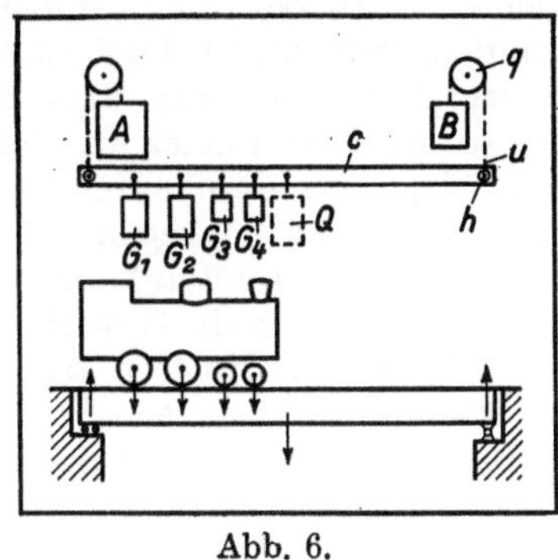

Abb. 6.

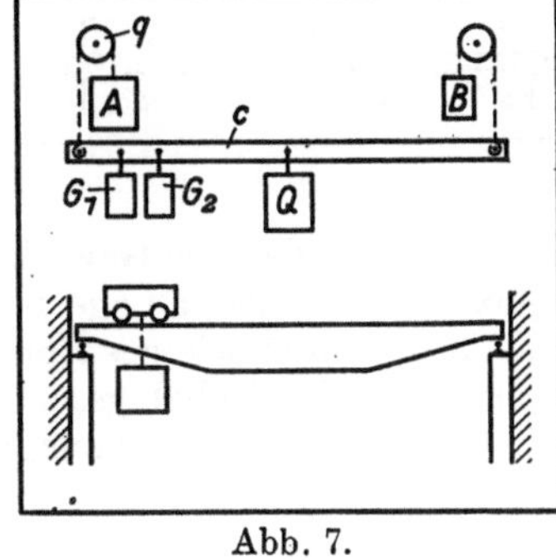

Abb. 7.

7. Raddrucke bei einem Laufkran.

Von der Belastung und dem Eigengewicht der Laufkatze entfällt auf jede Achse der Katze die Hälfte ($G_1 = G_2$). Die Ermittlung der Radlasten A und B, die auf jede Laufschiene entfallen, geschieht ebenso wie bei Versuch 6.

8. Schwerpunktbestimmung.

Man befestige mehrere Gewichtsplatten s an dem aus einer Doppelschiene nach Abb. II der „Allgemeinen Anweisung" gebildeten Hebel auf der einen Seite des Drehpunktes derart, daß sie eine möglichst geschlossene Fläche bilden. Nun kann man auf der anderen Seite in einem Punkte die gleichen Gewichte aufhängen, in solchem Abstande, daß das rechtsdrehende Moment gleich der Summe der linksdrehenden Momente ist. Die drei auf der linken Seite befindlichen Gewichte lassen sich demnach durch eine im Punkte S im Abstand a vom Drehpunkt befindliche Kraft ersetzen, die gleich der Summe der Gewichte ist. S ist der Schwerpunkt des aus den Gewichtsplatten gebildeten Systems.

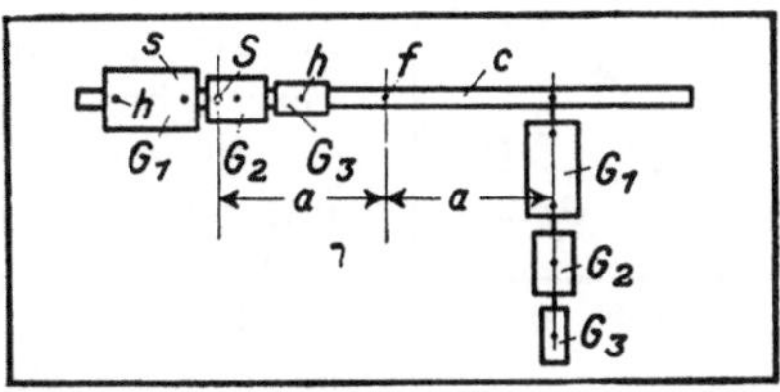

Abb. 8.

Das Gewicht der Befestigungsstifte h ist auszugleichen, indem man auf der rechten Seite des Hebels entsprechende Stifte anbringt.

9. Stabiles, indifferentes und labiles Gleichgewicht am Hebel.

Man befestige an einem Hebel, der aus einer einfachen Schiene c gebildet ist, mit Gewindestiften h zwei große Gewichtsplatten derart, daß Gleichgewicht herrscht. Zieht man die Muttern an, so daß die

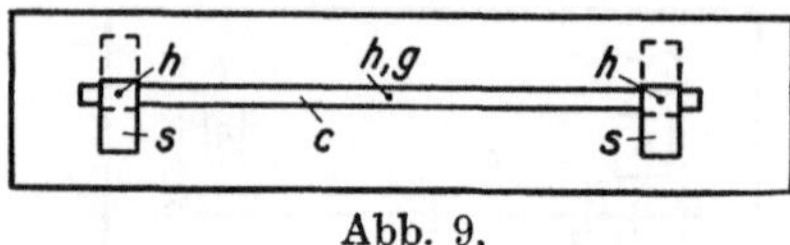

Gewichte starr mit dem Hebel verbunden sind, und bringt man nun den Hebel in eine andere Lage, so wird er immer in die Ausgangslage zurückzukehren suchen. Läßt man dagegen die

Abb. 9.

Muttern lose, so daß die Gewichte stets senkrecht nach unten hängen, so ist der Hebel in jeder Lage im Gleichgewicht. Werden die Gewichte nach oben gerichtet, wie gestrichelt angedeutet, und die Muttern angezogen, so wird der Hebel ganz herum zu schlagen suchen, sobald er etwas aus der Gleichgewichtslage kommt; im letzteren Falle herrscht also labiles Gleichgewicht.

10. Scheibe als Hebel.

An der Scheibe, die entsprechend Abb. V bis VII der „Allgemeinen Anweisung" an der Tafel befestigt ist, bringt man zwei Gewichte an, die einander das Gleichgewicht halten, und zwar an Punkten, die auf demselben wagerechten Durchmesser liegen, auf der rechten

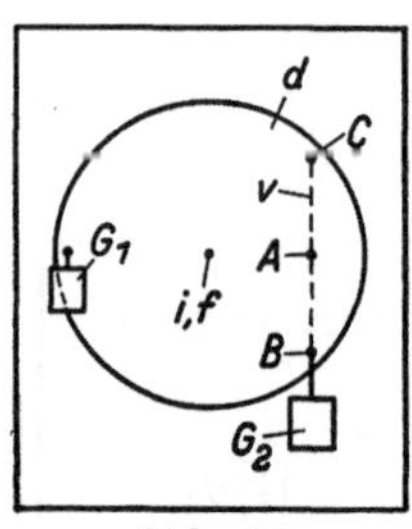

Abb. 10.

Seite also zunächst im Punkte A. Es zeigt sich dann, daß man z. B. das Gewicht G_2 auch an einem Punkt anbringen kann, der senkrecht unter oder über A liegt (B oder C), ohne daß das Gleichgewicht gestört wird. Der Angriffspunkt der Kraft kann also in der Kraftrichtung beliebig verschoben werden.

Jedoch beachte man, daß im ersten Falle (A) indifferentes, im zweiten Falle (B) stabiles, im dritten Falle (C) labiles Gleichgewicht herrscht.

Den Abstand des Punktes A vom Drehpunkt kann man gleich 10 cm wählen, um — darüber und darunter — in 14 cm Abstand vom Mittelpunkt wieder auf ein Loch in der Scheibe zu treffen.

11. Gleichgewichtsverhältnisse bei einem Drehkran.

Ein Uferkran, der sich um eine Säule dreht, soll mit einem Gegengewicht G_2 versehen werden, derart, daß bei einer bestimmten Last Q der Kran sich auch ohne die Säule im Gleichgewicht befindet.

Man zeichnet das Schema des Drehkrans so auf die Scheibe auf, daß der Zapfen A, an dem der Kran aufgehängt ist, sich im Mittelpunkt der Scheibe befindet. Die Einzellast Q, das Eigengewicht des Krans G_1, wirksam in seinem Schwerpunkt, und das Gegengewicht G_2 sind ins Gleichgewicht zu setzen.

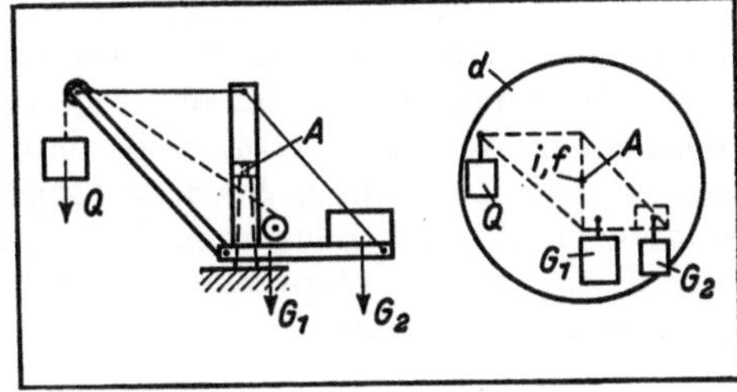

Abb. 11.

12, 13. Gleichgewicht bei beliebig gerichteten Kräften. Winkelhebel.

Aufbau laut Skizze. — Die Summe der rechtsdrehenden Momente muß bei Gleichgewicht gleich der Summe der linksdrehenden Mo-

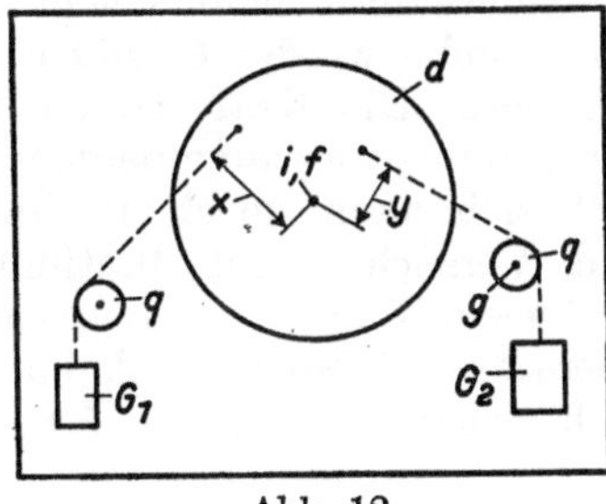

Abb. 12.

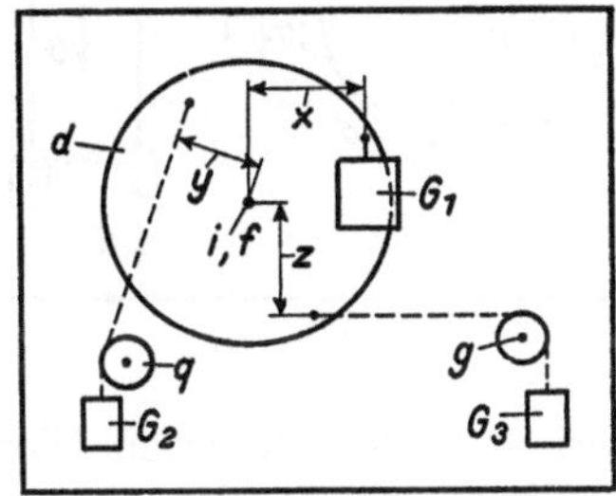

Abb. 13.

mente sein. Zu beachten ist, daß der Hebelarm stets senkrecht zur Kraftrichtung gemessen werden muß.

14. Bestimmung der Stabkräfte in einem Ausleger.

An einer Mauer ist ein Auslegerarm A befestigt, der durch eine schräg nach oben gerichtete Zugstange B gehalten wird. Die Spannungen infolge der Belastung Q sind zu ermitteln.

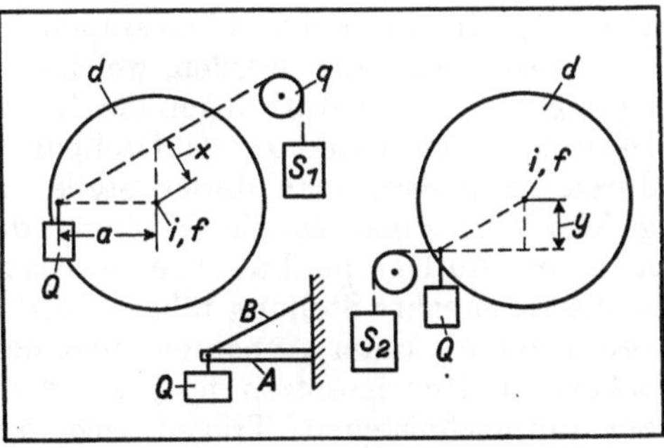

Abb. 14.

Man denke sich den Träger als mit der Scheibe starr verbunden, indem man zunächst den Befestigungspunkt des Auslegerarmes A in den Mittelpunkt der Scheibe legt (in der Abbildung links). Dem Drehmoment der Last, $Q \cdot a$, muß dann das Drehmoment der Spannung in der Zugstange, $S_1 \cdot x$, entgegenwirken. Wird jetzt der Befestigungspunkt der Zugstange in die Drehachse der Scheibe gelegt (rechts), so ist in entsprechender Weise die Spannung S_2 im Auslegerarm zu ermitteln.

15. Verankerung eines Turmes gegen Winddruck.

Auf einen Turm vom Gewicht G (z. B. 10 t) wirkt ein wagerechter Winddruck W (z. B. 8 t). Welche Kraft Q muß die Verankerung aufnehmen können, damit der Turm nicht umgeworfen wird?

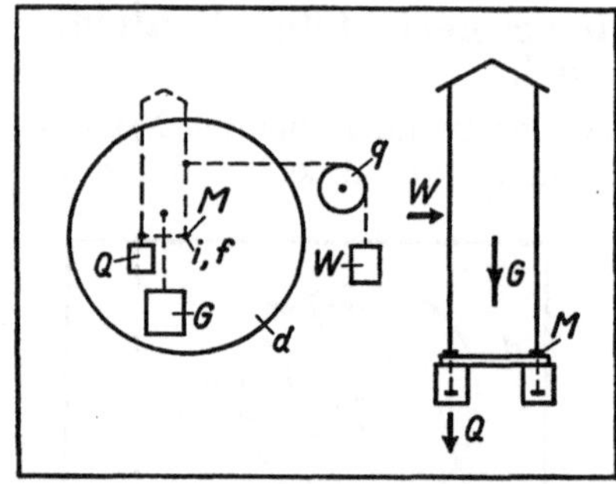

Abb. 15.

Die Achse M, um welche der Turm kippen könnte, wird in die Drehachse der Scheibe gelegt. An der Scheibe werden G und W angebracht. Die Kraft Q, die von der Verankerung aufzunehmen ist, läßt sich dann durch Rechnung und Versuch leicht bestimmen. Erst wenn W eine bestimmte Größe überschreitet, wird der Anker beansprucht. Bei kleineren Werten von W erhält auch dieses Auflager noch Druck durch das Eigengewicht.

16. Stabspannungen eines Brückenträgers.

Aus einzelnen Flachschienen c wird mit Hilfe von Gewindestiften h ein Stück eines Brückenträgers zusammengestellt. Daß einzelne Stäbe über die Knotenpunkte hinausragen, spielt keine Rolle.

Es soll bestimmt werden, welche Spannung U in einem Stab des Untergurtes durch Aufbringen der Nutzlasten G_1 und G_2 erzeugt wird. Dazu wird der Punkt D als Drehpunkt angenommen und der Träger durch einen Stift g an dieser Stelle an der Tafel aufgehängt. Man gleiche nun zunächst die Wirkung des Eigengewichtes aus, indem man am Auflagerpunkte A eine Kraft P anbringt, die den Träger in die wagerechte Stellung führt. Jetzt bringt man G_1 und G_2 an, stellt rechnerisch unter Annahme einer bestimmten Spannweite nach den bekannten Hebelgesetzen fest, wie dadurch der Auflagerdruck bei A am unzerschnittenen Träger sich ändert, und bringt eine dementsprechende weitere Kraft Q im Punkte A an. Um nach Anbringung der Kräfte Q, G_1 und G_2 wieder Gleichgewicht herzustellen, ist eine Zugkraft U erforderlich, die durch Rechnung und Versuch leicht gefunden werden kann.

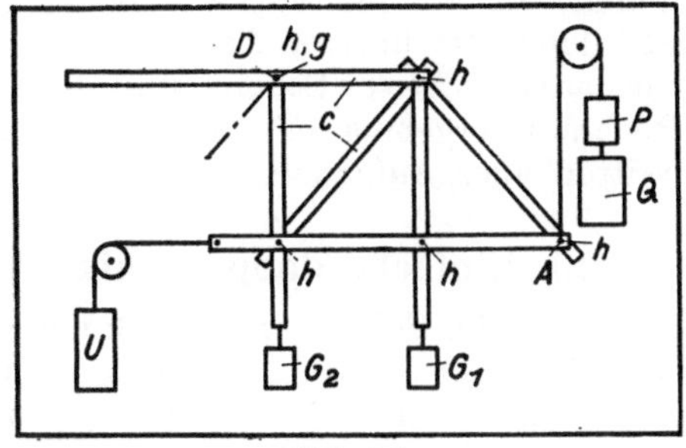

Abb. 16.

Ausdrücklich sei bemerkt, daß auch das Eigengewicht der Brücke bereits eine Spannung in dem Untergurt hervorruft. Man würde diese Spannung erhalten, wenn man P gleich dem vollen, durch das Eigengewicht der ganzen Brücke hervorgerufenen Auflagerdruck machen würde.

17. Pendel, durch Schnurzug abgelenkt.

Anordnung nach Skizze mit einfacher Schiene. Man vergleiche Rechnung und Versuch.

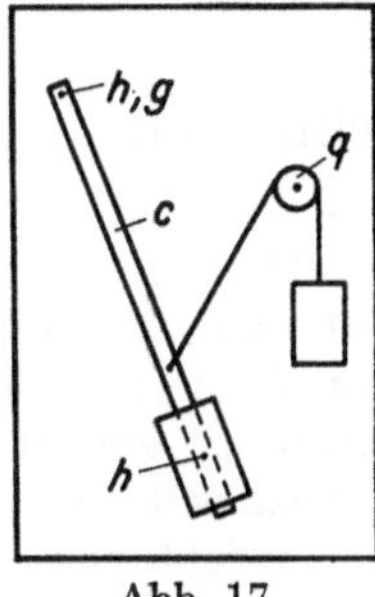

Abb. 17.

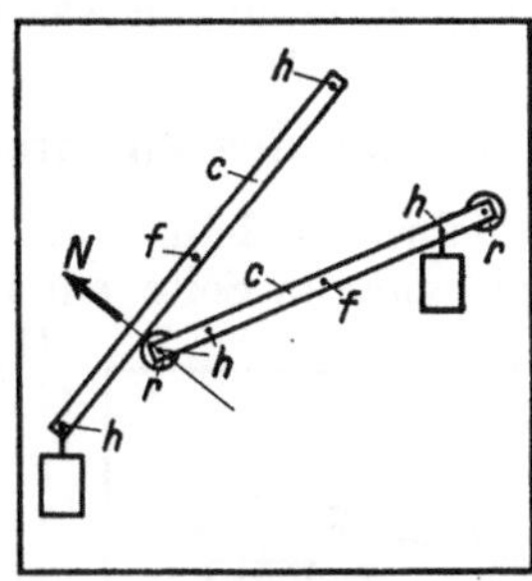

Abb. 18.

18. Druckübertragung zwischen zwei Hebeln durch Rolle.

Aufbau mit Doppelschienen nach Skizze. Durch die Stifte f werden die beiden Hebel an der Tafel drehbar befestigt.

Rollen r mit kurzen Stiften i ausgebuchst, lose drehbar. Für die Berechnung des Gleichgewichts ist maßgebend, daß der Druck N, da Rolle nahezu reibungslos, senkrecht zur Berührungsfläche stehen muß.

19. Gleichgewichtsversuch mit aufgehängter Scheibe (nach Walton).

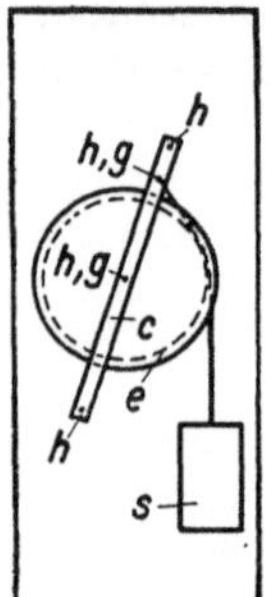

Abb. 19.

Die Scheibe e ist lose drehbar zwischen zwei Schienen c aufgehängt, die ein mit h, g an der Tafel aufgehängtes Pendel bilden. Im übrigen Anordnung nach Skizze. Man ermittle das Gewicht von Scheibe und Hebel und vergleiche das Rechnungsergebnis mit der wirklichen Einstellung. (Vgl. Wittenbauer, Aufgaben aus der technischen Mechanik.)

20. Einfache doppelarmige Wage.

Eine einfache Schiene c wird durch einen Gewindestift h mit einer Gewichtsplatte s zusammengespannt und auf einen Stift g gesetzt. Dabei liegt der gemeinsame Schwerpunkt unterhalb der Drehachse, so daß sich der Wagebalken immer wieder wagerecht einstellt, wenn er aus dem Gleichgewicht gebracht ist.

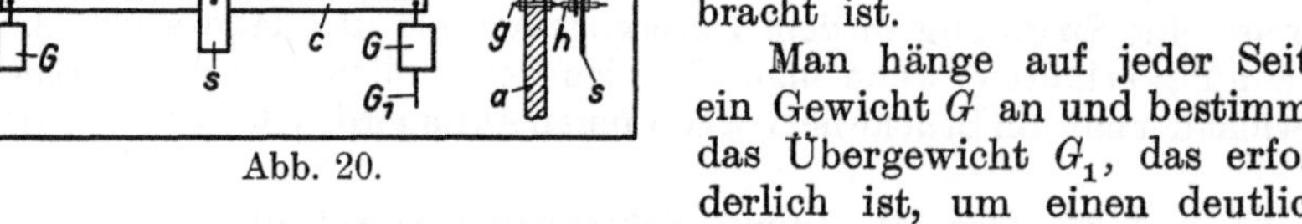

Abb. 20.

Man hänge auf jeder Seite ein Gewicht G an und bestimme das Übergewicht G_1, das erforderlich ist, um einen deutlich merkbaren Ausschlag hervorzurufen. Durch Vertauschen der Gewichtsplatte s gegen eine kleinere oder größere Platte läßt sich die Empfindlichkeit der Wage ändern. Die Genauigkeit der Ablesung wird durch die Zapfenreibung etwas beeinträchtigt.

21. Bestimmung des spezifischen Gewichtes mit der Wage.

An der Schiene c hänge man auf der einen Seite ein Gewicht G_1 und auf der anderen Seite ein etwas kleineres Gewicht G_2 auf. Das Gewicht G_1 wird dann um die Höhe H in ein darunter auf eine Doppelschiene c gestelltes Wassergefäß eintauchen. Daraus ist das spezifische Gewicht des Materials der Gewichtsplatte zu bestimmen. Bei genauer Rechnung muß die Lochung der Platte berücksichtigt werden.

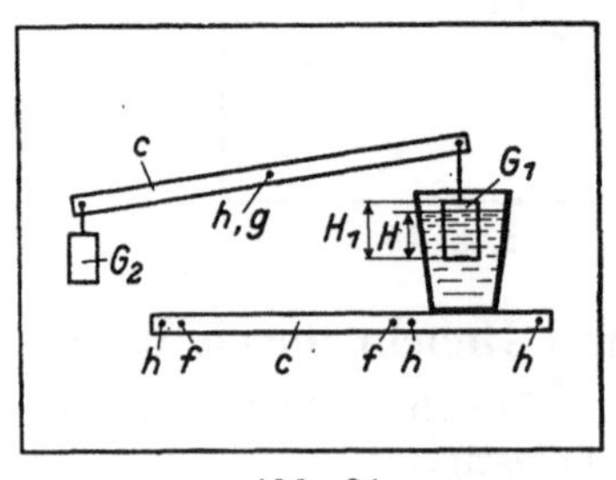

Abb. 21.

Die Kraft, die durch den Auftrieb auf die Gewichtsplatte ausgeübt wird, veranschaulicht man dadurch, daß man das Wasserglas hebt und senkt, wobei der Hebel den Bewegungen der Hand folgt.

22. Tangentialwage.

An der drehbar aufgehängten Scheibe d werden mit Stiften h einfache Schienen c befestigt (I und II). Zum Ausgleich sind zweckmäßig Schienen III und IV hinzuzufügen. Bekanntlich ist das Verhältnis $G:Q$ der Tangente des Ausschlagwinkels des Gewichtes Q proportional.

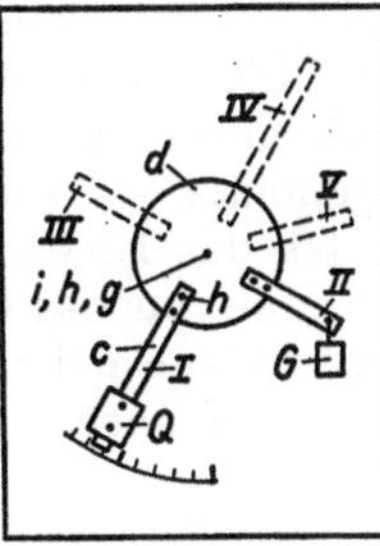

Man prüfe die Rechnung nach, indem man auf einem an der Tafel befestigten Blatt Papier den Ausschlag bei verschiedenen Belastungen aufzeichnet.

Damit die Wage hinreichend empfindlich ist, stecke man durch den Nabenstift i einen Gewindestift h und lagere diesen auf einem dünnen Stift g.

Statt in der Stellung II kann man die zweite Schiene auch in der Stellung V anbringen und durch Rechnung und Versuch die Änderung der Verhältnisse feststellen.

Abb. 22.

II. Kräftepaare.

23. Kräftepaare.

An einer Doppelschiene c_1 wird drehbar eine Doppelschiene c_2 befestigt und deren Eigengewicht durch das Gewicht E ausgeglichen. Bringt man nun an der Schiene c_2 Kräftepaare an $(G_1 \cdot y = G_2 \cdot x)$, so wird dadurch der Hebel c_1 nicht beeinflußt, da die Resultierende der Kräfte $= 0$ ist.

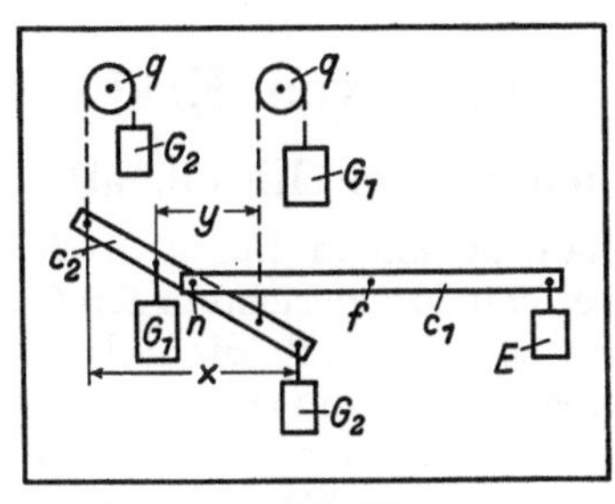

Abb. 23.

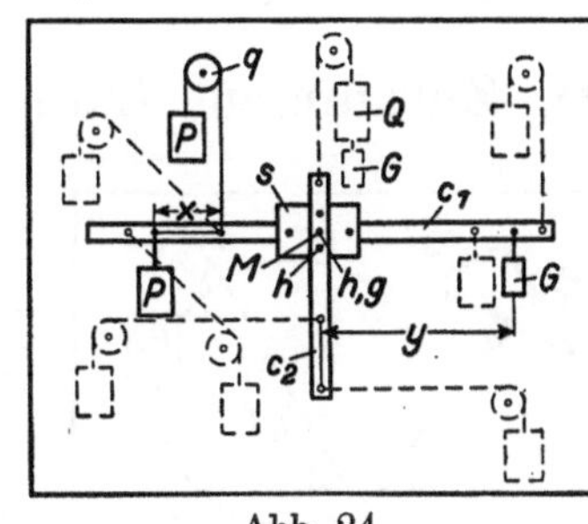

Abb. 24.

24. Verschiebbarkeit von Kräftepaaren.

Aus zwei einfachen Schienen c_1 und c_2 und einer Platte s wird der dargestellte Hebel hergestellt, der sich immer in eine bestimmte

Lage einstellt, wenn nicht ein freies Drehmoment auf ihn einwirkt. Der Hebel wird bei M mit einem Stift g aufgehängt. Auf der einen Seite wird nun ein Gewicht G, auf der anderen ein Kräftepaar $(P \cdot x = G \cdot y)$ angebracht. Es zeigt sich, daß man dieses Kräftepaar beliebig verschieben kann, auch auf die andere Seite des Drehpunktes, ohne daß der Gleichgewichtzustand sich ändert; der Hebel kehrt immer in die alte Lage zurück. Man kann die Kräfte P auch — wie gestrichelt angedeutet — schräg oder wagerecht an dem Hebel wirken lassen.

Ist das Eigengewicht durch ein Gewicht Q ausgeglichen, so zeigt sich, daß nur das Gewicht G durch ein im Aufhängepunkt angebrachtes Gewicht ausgeglichen werden muß, während die Kräfte P sich gegenseitig aufheben.

25. Äußere Kräfte am eingespannten Balken.

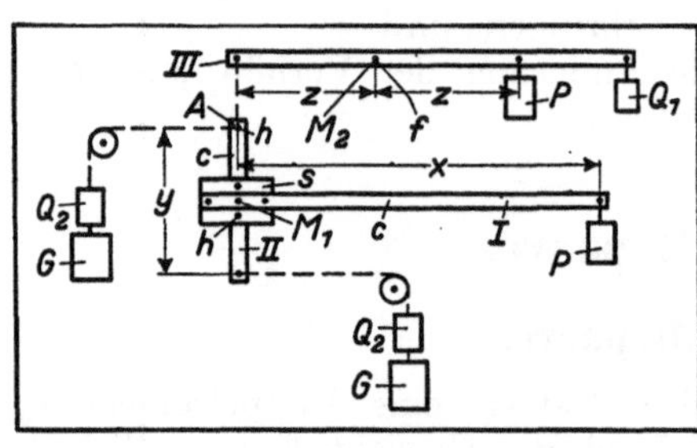

Abb. 25.

Die Schienen I und II (doppelt) werden durch Platten s verbunden. Bei A ist das Gebilde an einem bei M_2 gelagerten Hebel III aufgehängt. Das Eigengewicht wird durch Q_1, das Drehmoment des Eigengewichtes durch das Kräftepaar mit dem Moment $Q_2 \cdot y$ ausgeglichen. Eine Belastung des Stabes I durch P verlangt Anbringung einer gleichen Kraft P bei A mittels des Hebels III und ferner die Anbringung eines Kräftepaares $G \cdot y = P \cdot x$.

III. Zusammensetzung und Zerlegung von Kräften.

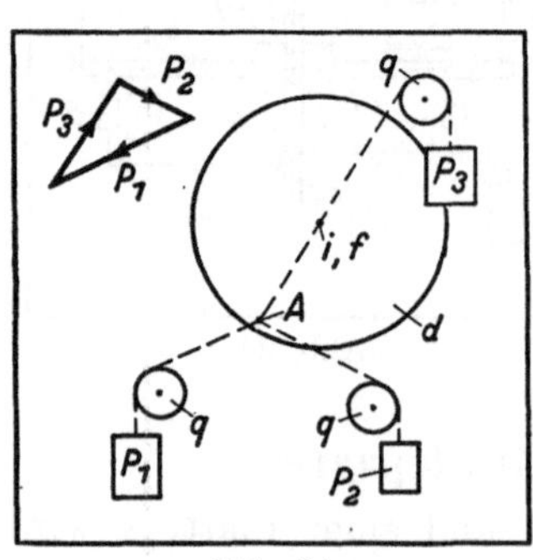

Abb. 26.

26. Bestimmung der Mittelkraft.

Bringt man an einem Punkt A der Scheibe d zwei beliebig gerichtete Kräfte P_1 und P_2 an, so stellt sich die Scheibe in bestimmter Weise ein, und zwar offenbar so, daß die Mittelkraft der beiden Kräfte durch den Drehpunkt geht; anderenfalls müßte diese eine Drehung der Scheibe hervorrufen. Durch das Kräftedreieck kann man die Größe und Richtung der Kraft P_3, die den Kräften P_1 und P_2 das Gleichgewicht zu halten vermag, genau bestimmen; diese Kraft ist nun ebenfalls an dem Angriffspunkt A von P_1 und P_2 anzubringen. Verbindet man jetzt die Schnurenden miteinander, indem man die Haken ineinander hakt, und löst die Schnüre von der Scheibe d, so zeigt sich, daß das Gleichgewicht erhalten bleibt.

27. Veranschaulichung des Satzes vom Kräftedreieck.

In sehr anschaulicher Weise läßt sich der Satz vom Kräftedreieck (Kräfteparallelogramm) vorführen, wenn man an einer in der Mitte an dem Stift f drehbar aufgehängten Doppelschiene c in der skizzierten Weise mit Hilfe von Rollen und Schnüren drei Gewichte anbringt, die sich wie $3:4:5$ verhalten. Die Schnüre behalten bei jeder Stellung der Schiene ihre Lage bei; insbesondere fällt in die Augen, daß die mit der Kraft 3 (30 Gramm) belastete Schnur stets wagerecht bleibt. Man verwende möglichst biegsame Schnüre!

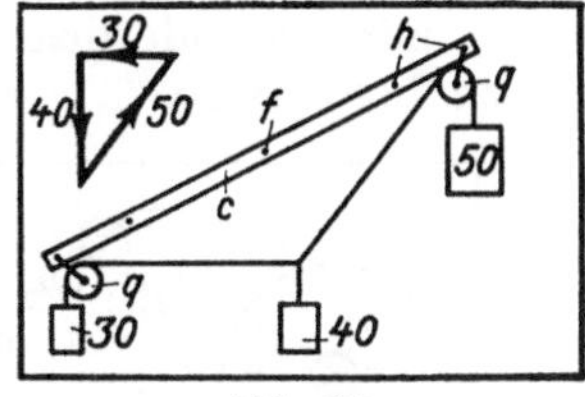

Abb. 27.

28. Kräftevieleck.

Eine Anzahl Schnüre werden, mit ihren Enden verbunden, über Rollen geführt und mit Gewichten belastet. Die Kräfte müssen sich zu einem geschlossenen Vieleck vereinigen lassen.

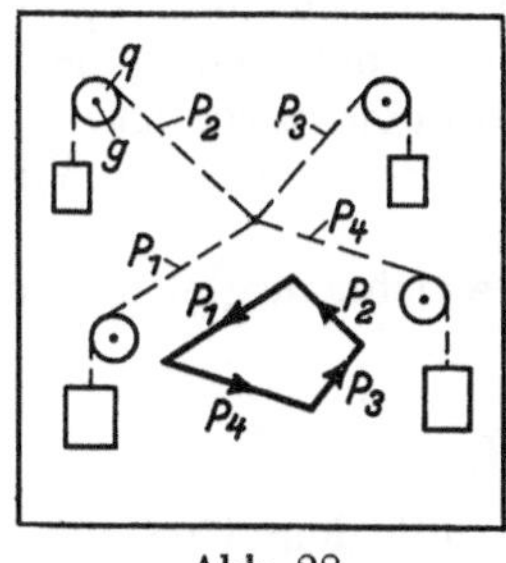

Abb. 28.

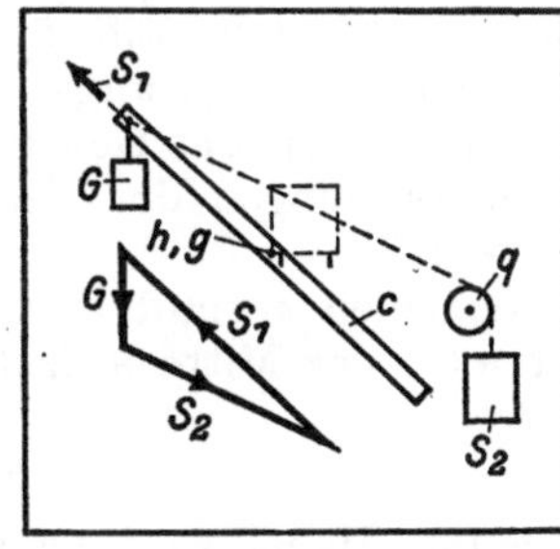

Abb. 29.

29. Stabkräfte im Ausleger eines Kranes.

Durch Aufzeichnung des Kräftedreiecks sind die Spannungen S_1 und S_2 in der Druck- bzw. Zugstrebe zu ermitteln. Zwecks Nachprüfung durch den Versuch wird an die Stelle der Druckstrebe eine einfache Schiene c gesetzt und die Spannung S_2 in der Zugstrebe mittels Schnurzuges angebracht.

Man kann auch, wie bei Versuch 14, mit dem Hebelgesetz arbeiten, ebenso wie die Ergebnisse des Versuchs 14 durch Aufzeichnen des Kräftedreiecks nachzuprüfen sind.

30. Kurbelgetriebe.

Die Scheibe d und eine Rolle r werden, wie in Abb. XIV der allgemeinen Anweisung, durch einen Gewindestift i zusammengespannt und drehbar an der Tafel befestigt. An der Trommel r greift die Kraft G an, an dem Kurbelhalbmesser R die Kraft P_1 der Schubstange mit veränderlichem Hebelarm x. Die auftretenden Kräfte sind zu bestimmen.

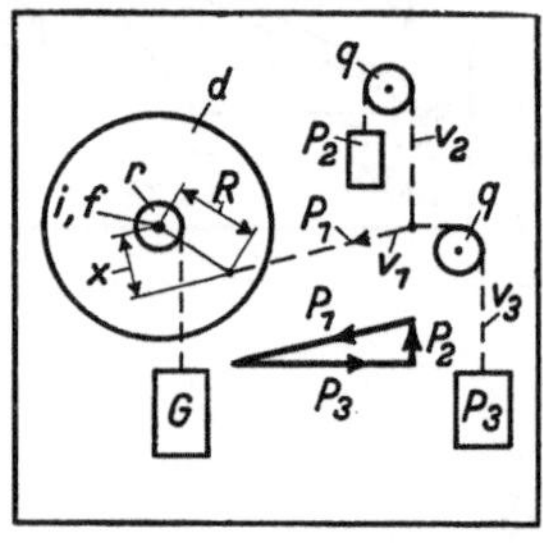

Abb. 30.

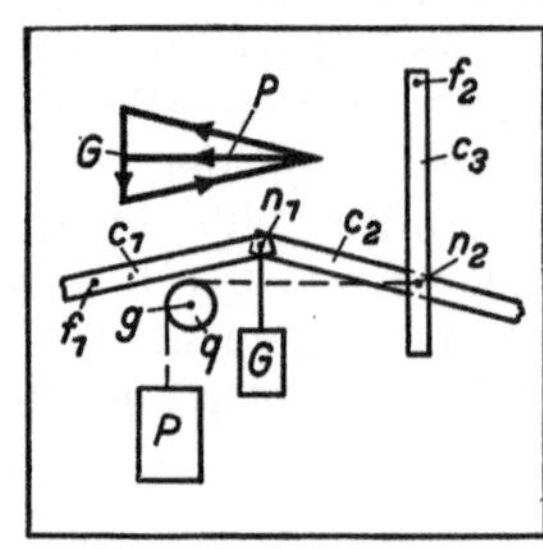

Abb. 31.

31. Kniehebel. I.

Die Doppelschiene c_1 bildet mit der einfachen Schiene c_2 den Kniehebel. c_1 ist mit Stift f_1 an der Tafel befestigt und c_2 an der Doppelschiene c_3 aufgehängt, die zur Führung dient. Die wagerechte Kraft P, die durch das Gewicht G hervorgebracht wird, ist bei verschiedenen Stellungen des Kniehebels durch Zeichnung und Versuch zu ermitteln.

Die Schienen c_1 und c_2 werden des Gewichtsausgleiches wegen am besten in der Mitte aufgehängt.

32. Kniehebel. II.

An einem Hebel wird nach Skizze eine mit dem Gewicht Q belastete Schnur befestigt und über eine Rolle q geführt. An dem

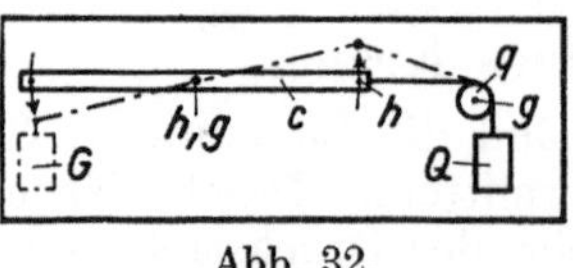

Abb. 32.

anderen Hebelende hänge man nun nach und nach größere Gewichte G an und beobachte jedesmal die Senkung. Die gesamte von den Gewichten G geleistete Arbeit muß gleich der Arbeit der Last Q sein. Am übersichtlichsten wird der Vorgang, wenn man die zu den einzelnen Gewichten G gehörigen Senkungen zeichnerisch aufträgt. Die Fläche unter der Kurve entspricht der geleisteten Arbeit, die gleich derjenigen des Gewichtes Q sein muß.

33. Äußere Kräfte an einem Dachbinder.

Auf den Binder, der bei B fest und bei A auf Rollen gelagert ist, wirken das Eigengewicht Q und der Winddruck W. Beide werden zu einer Mittelkraft R zusammengesetzt, die sich mit der senkrechten Auflagerkraft A in einem Punkte schneidet, durch den bei Gleichgewicht auch die Auflagerkraft B hindurch gehen muß. Die Größe von A und B ergibt sich aus dem Kräftedreieck.

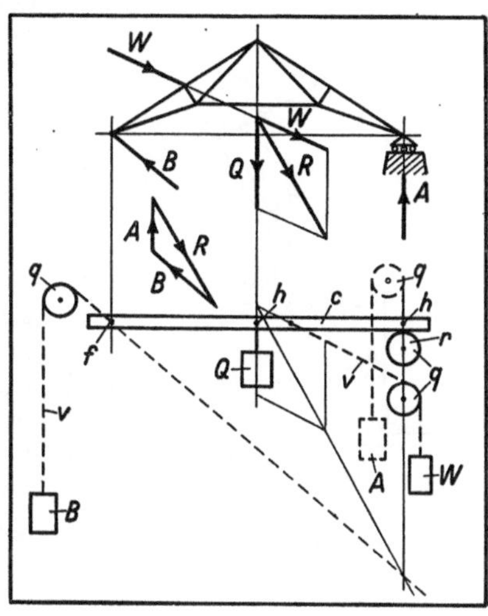

Die Rechnung wird nachgeprüft, indem man statt des Binders eine Doppelschiene c einerseits fest an einem Stift f, am andern Ende auf einer Rolle r lagert und die Kräfte Q und W in der vorgeschriebenen Richtung daran anbringt. Man kann nun die aus dem Kräftedreieck ermittelten Kräfte A und B in den Stützpunkten anbringen und dort die Unterstützung fortnehmen.

Abb. 33.

Es darf nicht vergessen werden, das Eigengewicht der Schiene c zu berücksichtigen!

34. Dreigelenkbogen.

Man stellt den Bogen mittels zweier Schienen c_1 und c_2 dar, grundsätzlich in derselben Weise wie beim Kniehebel (Versuch 31).

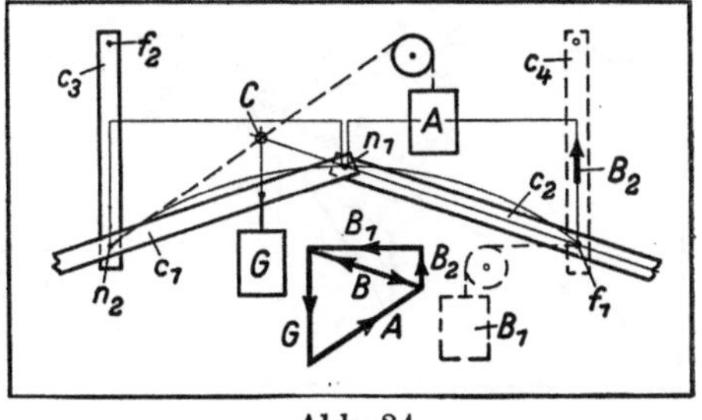

Eine Kraft G, die an beliebiger Stelle der Schiene c_1 angebracht ist, ruft Stützdrucke A und B hervor, die sich mit G im Punkt C schneiden müssen.

Bestimmung der Kräfte durch das Kräftedreieck. Die Kraft A wird mittels Schnur am Gelenkpunkt n_2 angebracht und so Gleichgewicht

Abb. 34.

hergestellt. Man kann auch den Stift f_1 statt an der Tafel an einer Führungsschiene c_4 festmachen und zur Herstellung des Gleichgewichts die wagerechte Schubkraft B_1 anbringen.

35. Angelehnte Leiter.

Zur Verminderung der Reibung ist zwischen die beiden Schienen der Stange S_1 unten eine Laufrolle r_1 gesetzt, während die beiden Schienen oben enger zusammengezogen sind und sich auf eine an der Tafel fest angebrachte Laufrolle r_2 stützen. Die untere Rolle bewegt sich auf einer aus zwei Schienen c hergestellten Laufbahn S_2, die mit Stiften f an der Tafel befestigt ist. Bei einer bestimmten Schräglage wird das Eigengewicht durch G_1 ausgeglichen und nun das Gewicht G_2 ermittelt, das einem z. B. bei A oder bei B angehängten Gewicht Q entspricht. Im zweiten Falle muß das Gewicht G_2 größer sein als im ersten. Durch die in der Abbildung angedeutete graphische Ermittlung der Kräfte (Kräfteparallelogramm) wird das Versuchsergebnis nachgeprüft.

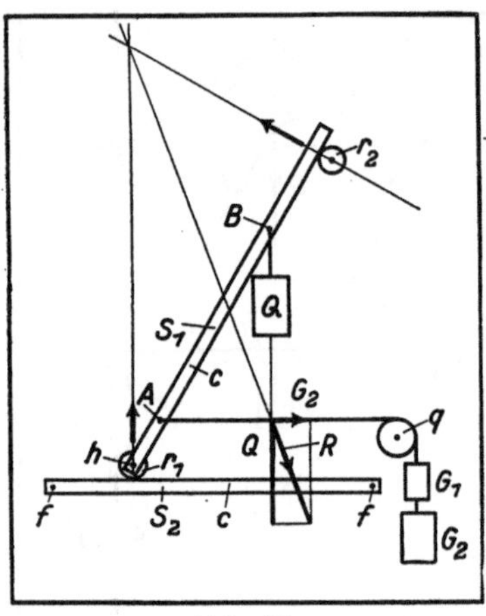

Abb. 35.

36. Steuerungs-Nocken.

Aufbau nach Skizze. Der Stift A in der Scheibe wird durch die Kraft $P_2 = P_1 \cdot \dfrac{v}{x}$ gegen die Rolle gedrückt. Die Kraftübertragung kann nur senkrecht zur Berührungsfläche erfolgen. Für den Gleichgewichtszustand ist erforderlich, daß die Kräfte P_2, G und die durch den Aufhängepunkt M gehende Gegenkraft R sich in einem Punkt schneiden. Gleichzeitig muß sein $P_2 \cdot y = G \cdot z$. Q dient zum Ausgleich des Gewichtes der Rolle r.

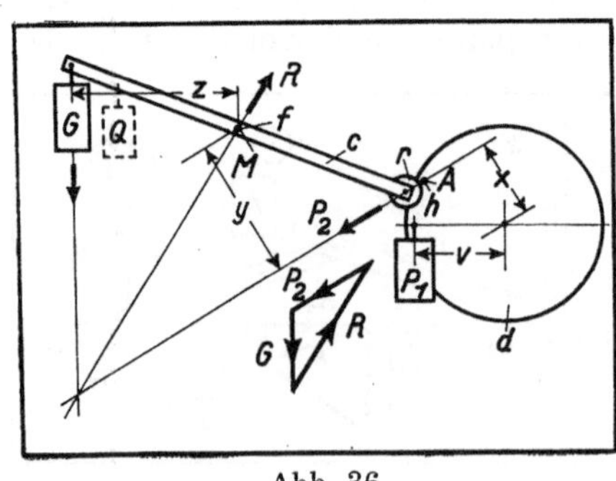

Abb. 36.

37. Gleichgewicht eines von zwei schiefen Ebenen unterstützten Stabes.

Die beiden schiefen Ebenen, die unter beliebigem Winkel zu-
sammenstoßen können, werden durch außen versteifte Doppel-
schienen c gebildet und oben mit Stiften f aufgehängt, unten durch Stifte f gestützt. Der bewegliche Stab c_1 besteht aus zwei Schienen, an dessen beiden Enden Laufrollen r, mit Stiften i ausgebuchst, leicht drehbar auf Gewindestiften h laufen.

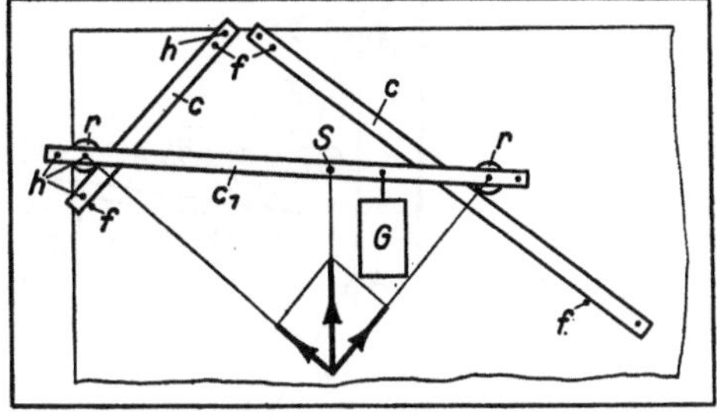
Abb. 37.

Der Stab stellt sich so ein,
daß sein Schwerpunkt S unter Berücksichtigung des angehängten Gewichtes G über dem Schnittpunkt der Auflagerkräfte liegt.

38. Seildurchhang.

Verschiedene Anordnungen mit gleicher und ungleicher Rol-
lenhöhe, sowie mit gleichen und ungleichen Seilspannungen S bzw. S_1, S_2 sind auszuprobieren. Der Durchhang f wird berechnet und durch den Versuch nachgeprüft. Aufzeichnung der Kräfte-
dreiecke.

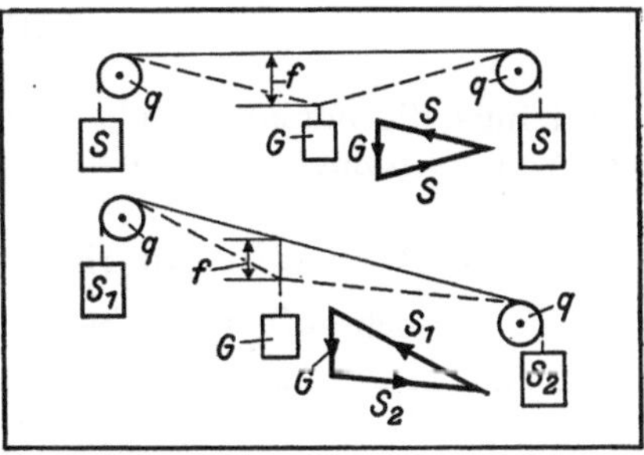
Abb. 38.

39. Stabeck und Seileck.

Die Stäbe I, II und III (II aus doppelten, I und III aus einfachen Schienen gebildet) werden in den Knotenpunkten B und C gelenkig verbunden und bei A und D an der Tafel aufgehängt. Zweckmäßig nimmt man die Aufhängepunkte bei jedem Stabe gleich weit von den Enden entfernt, damit das Eigengewicht (G_1, G_2, G_3) sich auf die Knotenpunkte je zur Hälfte verteilt. Man stellt nun aus einer Schnur ein Seileck her (untere Abbildung) mit den gleichen Einzellängen wie das Stabeck, hängt es, ebenfalls an den Stiften A und D, vor dem Stabeck auf und belastet die Knotenpunkte B und C mit Gewichten, welche dem auf die Knotenpunkte entfallenden Anteil der Stab-
gewichte entsprechen. Es zeigt sich, daß das Seileck genau dieselbe Lage einnimmt wie das Stabeck.

Man bringe nun z. B. an dem Stabe II die Last Q an, berechne nach dem Hebelgesetz den Anteil, der auf jeden der Knotenpunkte entfällt,

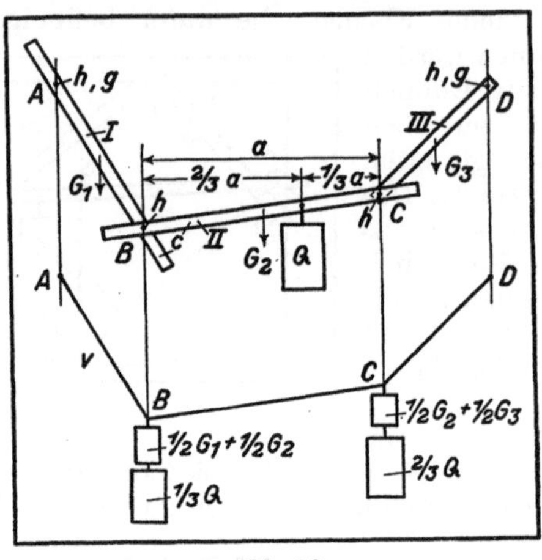

Abb. 39.

und hänge die entsprechenden Gewichte in den Knotenpunkten auf. Das Seileck nimmt jetzt wieder dieselbe Stellung wie das Stabeck ein.

40. Drahtseilbahn (Kabelkran) mit Pendelstütze.

Der Versuchsaufbau ergibt sich aus der Skizze. Für die Pendelstütze A und die Verlängerung B sind doppelte Schienen c zu verwenden. Die Schnur v_3 erleichtert den Aufbau, indem sie die Pendelstütze am Herunterklappen hindert, soll aber beim eigentlichen Versuch schlapp sein, also nicht wirken.

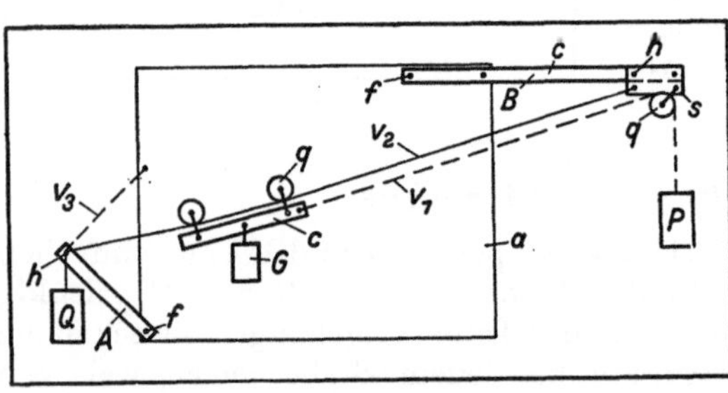

Abb. 40.

Aus dem Versuch sind der Seildurchhang und die zum Bewegen der Laufkatze notwendige Kraft P bei verschiedenen Stellungen der Katze zu ermitteln. Der Versuch zeigt, daß bei kleinem Spanngewicht Q die Seilbiegung an den Laufrädern übermäßig stark wird, was der Haltbarkeit des Seiles schadet.

Zu beachten ist auch das senkrechte Schwingen bei plötzlicher Vergrößerung oder Verkleinerung der Last G.

IV. Arbeit. Übersetzung.

41. Tafelwage.

Die beiden Doppelschienen c_1 sind in der Mitte an der Tafel befestigt und durch eine einzelne senkrechte Schiene c_2 verbunden; an dieser ist mit Hilfe einer Platte s eine wagerechte Schiene c_3 angebracht, welche die Gewichtschale ersetzt. Durch ein Gegengewicht Q wird zunächst das Gewicht des Schalenaufbaues ausgeglichen. Man bringt nun an der Schale c_3 ein Gewicht G_1 und, im Abstand H, ein gleiches Gewicht G_2 an dem einen der beiden Hebel c_1 an. Dann ist stets Gleichgewicht vorhanden, einerlei an welcher Stelle der Schiene c_3 das Gewicht G_1 angehängt wird, weil dieses bei einem bestimmten Wege des Gewichtes G_2 immer denselben Weg zurücklegt, also die gleiche Arbeit leistet.

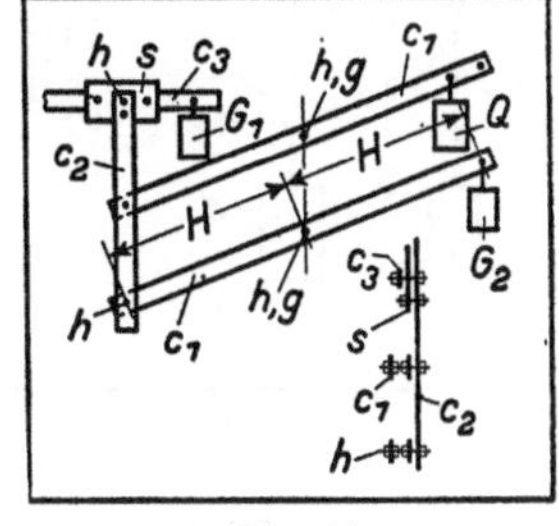

Abb. 41.

42. Brückenwage.

Aufbau mit einfachen Schienen c_1, c_2, c_3. Die Schienen c_2 und c_3 sind bei M_1 bzw. M_2 an der Tafel gelagert. Die Platte s ist doppelt zu nehmen; sie wird mit der Schiene c_1 unter Zwischenlage von Unterlagscheiben p fest verschraubt, mit der Schiene c_2 dagegen lose verbunden. Zur Verbindung der Schienen dienen Schnüre v_1 und v_2. Das Übergewicht der Konstruktion wird durch ein Gegengewicht G_1 ausgeglichen. Bedingung ist, daß sich verhält:

$$x : y = w : v ;$$

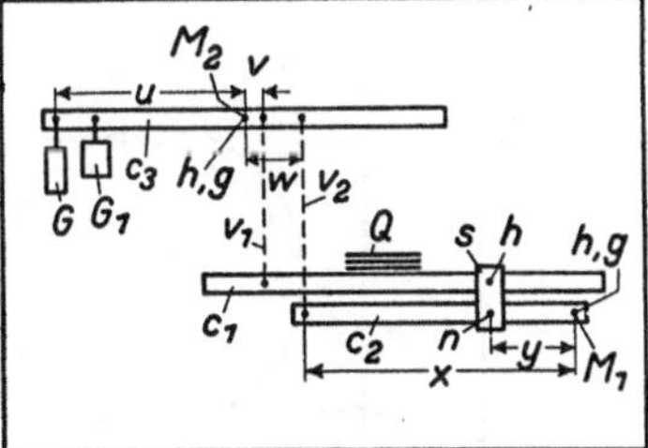

Abb. 42.

dann bewegt sich bei der Verschiebung die Brücke c_1 parallel zu sich selbst, und es ist angesichts der Gleichheit der Arbeiten gleichgültig, an welcher Stelle man die Belastung Q aufbringt. Es verhält sich:

$$G : Q = v : u .$$

43. Rad und Welle.

Versuchsaufbau nach Skizze. Die Nachprüfung der theoretischen Forderung:

$$G \cdot R_1 = Q \cdot R_2$$

wird durch die Zapfenreibung und die Steifigkeit der Schnüre erschwert.

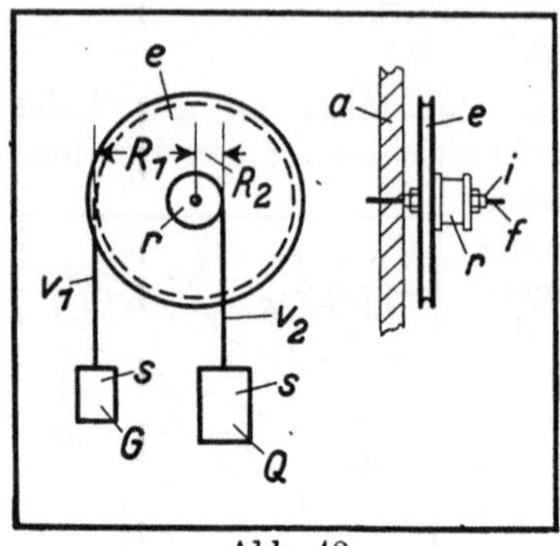

Abb. 43.

Um genaue Werte zu erhalten, vermindere man G so weit, daß die Last Q gerade eben von selbst nach unten geht; darauf erhöhe man G hinreichend, so daß die Last Q gerade eben heraufgezogen wird. Der Mittelwert gibt einigermaßen genau die Kraft G nach obiger Gleichung. Durch Anwendung recht biegsamer Schnüre und Schmierung des Zapfens wird das Auffinden des genauen Wertes für G erleichtert.

Durch Aufzeichnen der von G und Q bei der Drehung zurückgelegten Wege läßt sich die Gleichheit der Arbeiten von Kraft und Last nachweisen.

44. Transmission.

Am äußeren Rand der Scheibe d werden in gleicher Entfernung vom Mittelpunkt Stifte h befestigt. Über die Stifte und die Rolle r_2

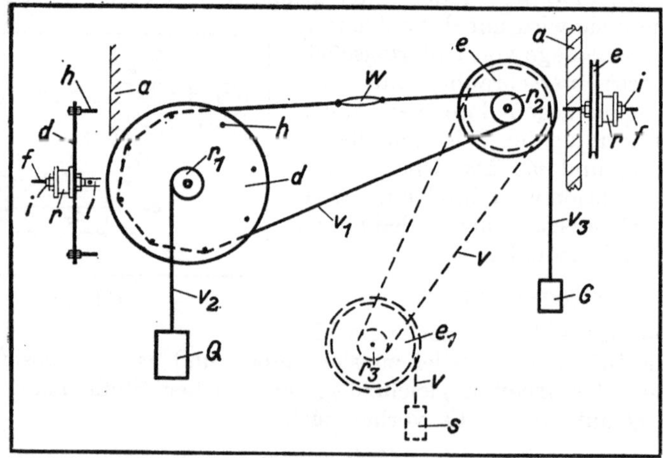

Abb. 44.

wird eine Schnur v_1 gelegt, die durch ein Gummiband w gespannt ist. Die Stifte h sind der Tafel a zugekehrt; durch einen Stellring l ist der richtige Abstand zu sichern. Aufbau im übrigen nach Skizze.

Ist eine zweite Scheibe e_1 vorhanden, so kann noch ein Vorgelege hinzugefügt werden.

Bezüglich Genauigkeit des Versuches gilt das unter 43 Gesagte in erhöhtem Maße. Man spanne die Schnur v_1 nicht unnötig stark an, da sonst, wie es auch bei zu stark gespannten Riemen in der Praxis der Fall ist, hohe Reibungsverluste auftreten.

45. Winkeltrieb.

Die Rillenscheibe e wird auf einen Stift f gesetzt, der in einem nach Abbildung I der „Allgemeinen Anweisung" verstärkten Loch der Tafel festgemacht ist. Eine Lauf-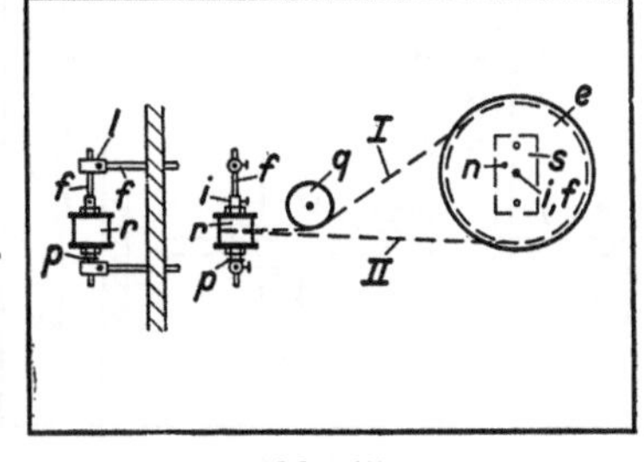rolle r wird an der gegenüberliegenden Seite der Tafel an einem senkrechten Stift f festgemacht, der an wagerechten Stiften f mit Stellringen l gelagert ist. Der Nabenstift i wird mit der Stellschraube an den senkrechten Stift f angeklemmt. Über dem unteren Stellring wird eine Unterlagscheibe p eingefügt. Durch eine Schnurrolle q wird die Schnur geführt, der durch Einknoten eines Gummibandes w die er-

Abb. 45.

forderliche Elastizität gegeben ist. In die Rillenscheibe e wird als Handhabe zum Drehen ein Aluminiumstift n eingesteckt.

Die Scheiben sind so zu setzen, daß jeweils das auflaufende Trum der Schnur in der Ebene der Scheibe liegt. Wird das Trum II, wie in der Skizze, etwas schräg gelegt, so verschiebt sich die Schnur auf der Rolle r, wenn man die Drehrichtung umkehrt.

Man kann die Anordnung für Zentrifugalversuche (vgl. Versuch 82) verwenden.

46. Spannrolle.

Aufbau nach Skizze. Die Rollen r_1 und r_2 werden mit kurzen Stiften i ausgebuchst. Sie müssen sich leicht drehen, daher sind Scheiben p vorzusehen.

Man ändere die Spannung der Schnur v_1 durch Ändern von G und stelle den Einfluß auf die Übertragungsfähigkeit fest, am besten in der Weise, daß man mit der Hand die große Scheibe e dreht und feststellt, welche Last P an der um die

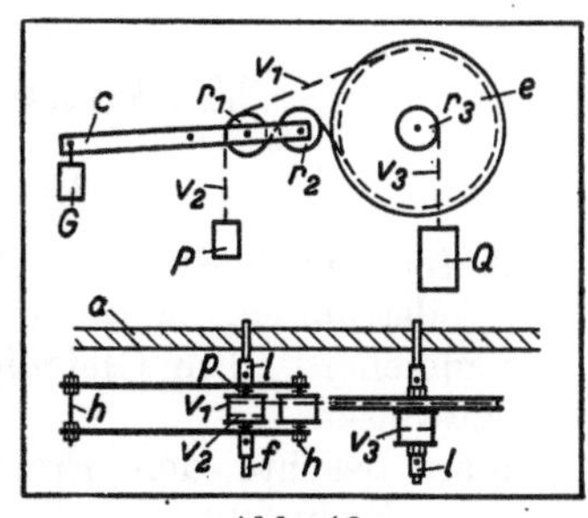

Abb. 46.

Rolle r_1 gewickelten Schnur v_2 gehoben werden kann, ohne daß die Schnur v_1 auf der Scheibe r_1 gleitet.

Durch Verlängern oder Verkürzen der Schnur v_1 läßt sich der umspannte Bogen ändern.

Die Reibung in der Rille der Scheibe e kann, falls erforderlich, durch Einlegen eines Gummibandes w erhöht werden.

47. Bremszaum (Pronyscher Zaum).

Aus den Flachschienen c wird unter Zuhilfenahme von Gewichtsplatten s ein steifer Rahmen nach Skizze gebildet. Der obere wagerechte Stab des Rahmens wird aus zwei Schienen hergestellt, während für die übrigen Stäbe einfache Schienen genügen. Der Rahmen ruht mit zwei Aluminiumstiften n auf dem Kranz der Rillenscheibe e, die mit einem Stift f an der Tafel befestigt ist. Er kann durch weitere symmetrisch angebrachte Gewichte beliebig belastet werden.

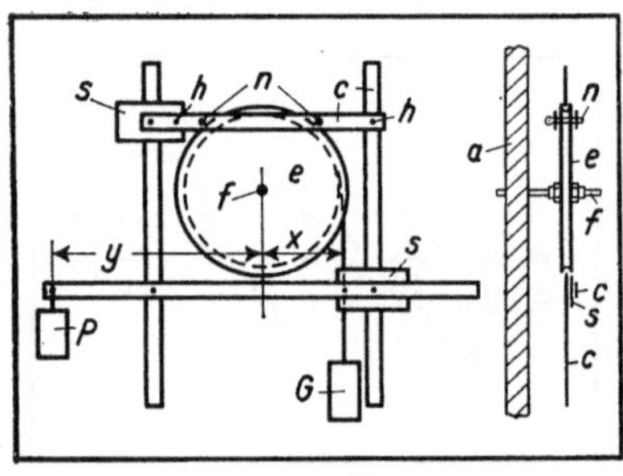

Abb. 47.

Das Gewicht G stellt die von der Maschine ausgeübte Kraft dar; seinem Drehmoment $G \cdot x$ wirkt das Drehmoment des Bremszaumes $P \cdot y$ entgegen. Man ermittle durch Probieren die Gewichte in solcher Weise, daß das Gewicht G gleichmäßig absinkt und dabei die Scheibe entgegen der Reibung, die sie an den Stiften des Rahmens findet, dreht.

Praktisch wird der Bremszaum gewöhnlich so ausgeführt, daß der obere und der untere Balken durch Schrauben gegeneinander gezogen und gegen die Bremsscheibe gepreßt werden, bis die erforderliche Reibung entsteht. Es ist aber an sich gleichgültig, in welcher Weise die Reibung hervorgebracht wird.

V. Anwendungen der Rolle.

48. Flaschenzug. I.

Aufbau nach Skizze. Oben hängt die Last an zwei, unten an vier Seilsträngen. Man vergesse nicht, das Eigengewicht der Rollen auszugleichen! Die Gleichheit der Arbeiten von Kraft und Last ist nachzuweisen.

Man beachte den Einfluß der Reibung und der Seilsteifigkeit (vgl. die Bemerkung zu Versuch 43).

49. Flaschenzug. II.

Anordnung nach Skizze (vgl. die Bemerkungen zu Versuch 48).

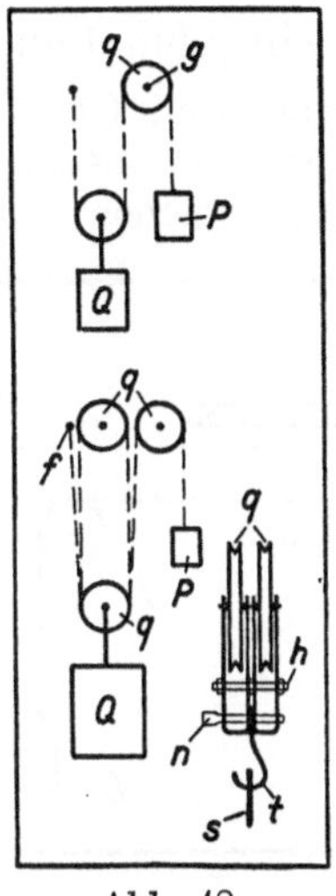

Abb. 48.

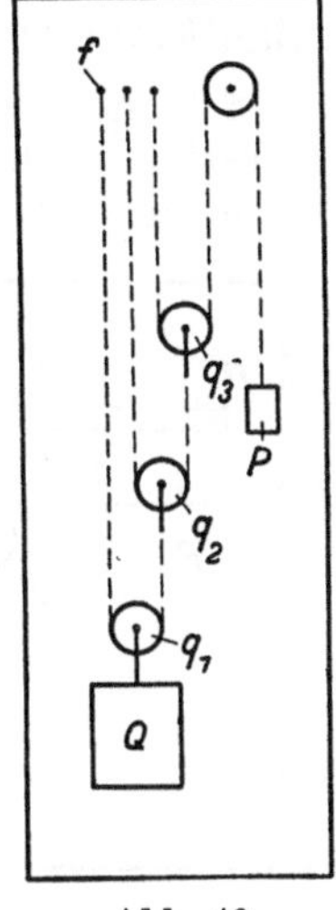

Abb. 49.

50. Differential-Flaschenzug.

Die Scheiben d und e sind mit einer dazwischengesetzten Rolle r mittels eines Stiftes i fest zusammenzuspannen. In die Scheibe d werden im Kreise Gewindestifte eingesetzt, derart, daß sie die Scheibe e berühren und so eine Art Trommel bilden, die etwas kleineren Durchmesser hat als die Scheibe e. Die Schnur v wird nach Skizze aufgelegt und eine lose Rolle q eingehängt. Von vornherein sind die Schnurenden mit Gewichten G_1 und G_2 und ebenso die Rolle q mit einem Gewicht Q_1 zu belasten, damit die nötige Umfangsreibung entsteht.

Ist das System im Gleichgewicht, so bringt man die Nutzlast Q_2 und die Kraft P an. Für den Gleichgewichtsfall gilt

$$P \cdot R_1 = \frac{Q_2}{2}(R_1 - R_2).$$

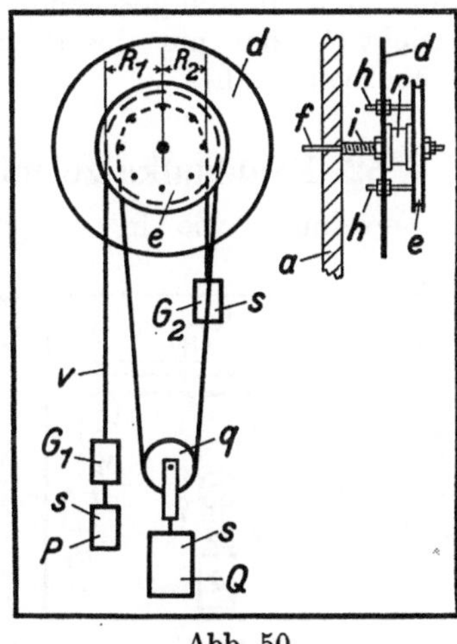

Abb. 50.

Der Einfluß der Reibung ist ziemlich groß (vgl. die Bemerkungen zu Versuch 43).

51. Kranlaufkatze mit zweiseitig eingeführtem Seil.

Eine einfache Schiene c_1 wird an beiden Enden mit Gewindestiften h an der Tafel befestigt, nachdem die Laufkatze darauf geschoben ist. Die Katze besteht aus zwei flach gelegten Schienen c und ange-

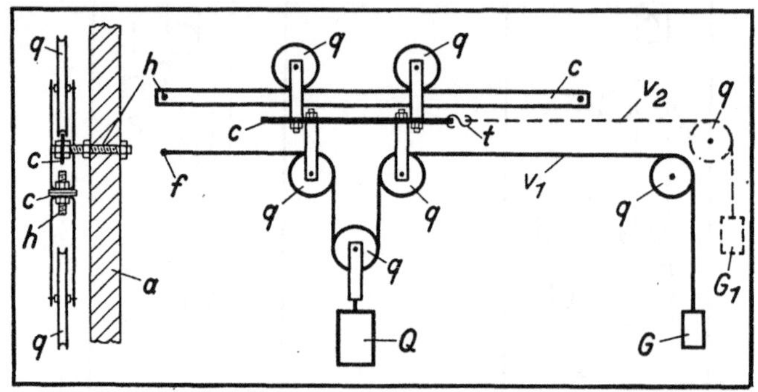

Abb. 51.

schraubten Rollen q. In dem Lastseil v_1 hängt an einer losen Rolle die Last Q, der ein Gewicht G das Gleichgewicht hält (Eigengewicht der Rolle ausgleichen!). Die Laufkatze mit der Last kann nun verfahren werden, ohne daß die Last Q ihre Höhenlage ändert, und zwar kann das Verfahren geschehen durch eine Schnur v_2 mit angehängtem Gewicht G_1, das nur die Reibungswiderstände bzw. die Seilsteifigkeit zu überwinden hat.

52. Kranlaufkatze mit einseitig eingeführtem Seil.

Anordnung wie in voriger Skizze, nur ist das eine Trum des Lastseiles v_1 in der Katze selbst fest gemacht. Der Zug G im Hubseil sucht daher die Katze nach rechts zu verfahren, und an das Fahrseil v_2 muß deshalb zur Herstellung des Gleichgewichtes ein Gewicht $G_1 = G$ angehängt werden. Wird die Schnur v_2 festgehalten und v_1 durch Vergrößern des Gewichtes G allein bewegt, so wird die Last senkrecht gehoben. Durch gleichzeitiges Bewegen von v_1 und v_2 tritt Verfahren der Last ein ohne

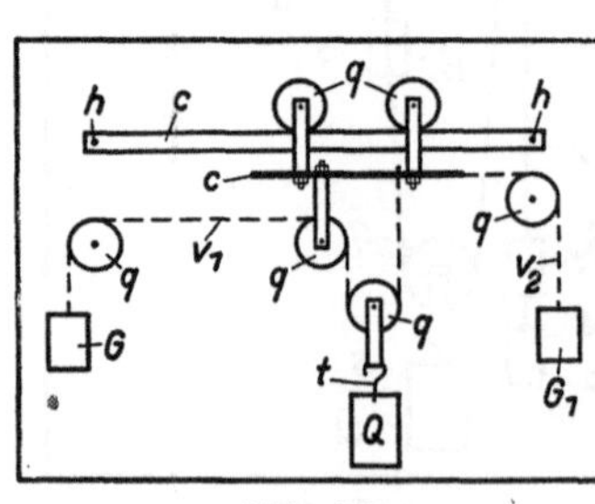

Abb. 52.

Änderung der Höhenlage der Last. Bewegen von v_2 allein hat eine Bewegung der Last in schräger Richtung zur Folge.

53. Schrägbahnkran.

Eine Schiene c wird mit Hilfe von zwei Gewindestiften h_1 und h_2 unter einem Neigungswinkel von ungefähr 30° an der Tafel befestigt, nachdem die in skizzierter Weise hergestellte Laufkatze darauf geschoben ist. Wird das Gewicht G entsprechend bemessen, so hebt sich die Last Q, bis die lose Rolle gegen den Anschlag h_4 stößt. Die Laufkatze beginnt nun, an der Bahn aufwärts zu fahren.

Beim Nachlassen des Seiles v fährt die Laufkatze zurück, bis sie an den Anschlag h_3 stößt, und erst dann beginnt das Gewicht Q sich zu senken.

Es ist bei dieser für Uferkrane zuweilen angewandten Anordnung möglich, mit einem einzigen Seil für Heben und Fahren auszukommen.

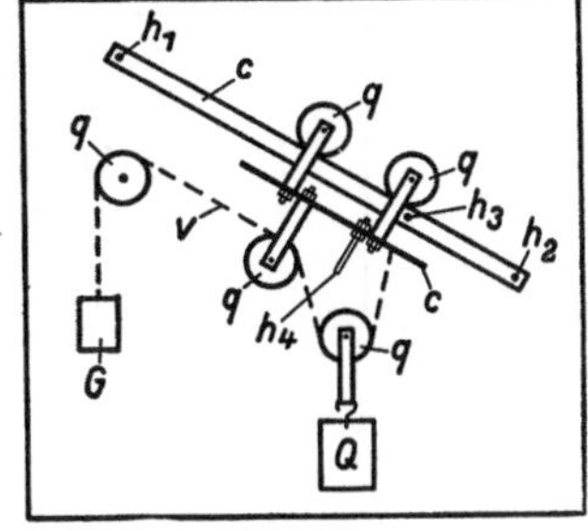

Abb. 53.

Man ermittle durch Rechnung und Versuch die geringste erforderliche Neigung der Bahn unter Berücksichtigung des Gewichtes der Laufkatze.

VI. Schiefe Ebene. Keil. Schraube.

54. Schiefe Ebene.

Anordnung nach Skizze mit einfacher Schiene c. Man ermittelt bei verschiedenen Neigungen der Schiene c die Kraft P, die erforderlich ist, um die Last Q mit der losen Rolle aufwärts zu ziehen. Die Reibung ist zu berücksichtigen.

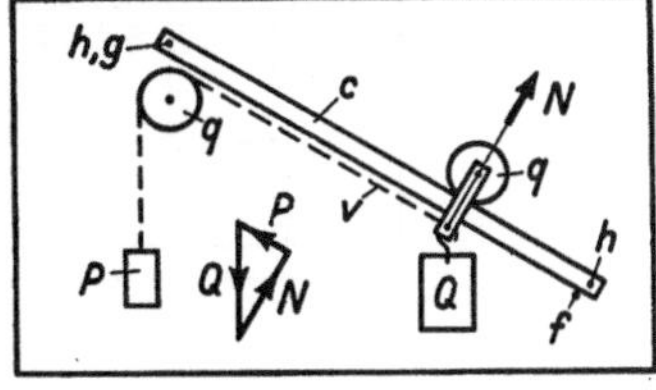

Abb. 54.

55. Keil.

Der Keil wird gebildet aus einer einfachen Schiene c_1 und je zwei Doppelschienen c_2 und c_3. Er bewegt sich auf Rollen r, die an der Tafel festgemacht sind. Auf die schräge Keilfläche ist die Last Q mittels einer Schnurrolle q_1 aufgebracht. In wagerechter Richtung greift an dem Keil die Kraft G an.

Das Eigengewicht der Rolle q_1 ist zu berücksichtigen. Bei Vergleich von Rechnung und Versuch darf die ziemlich erhebliche Reibung nicht vergessen werden.

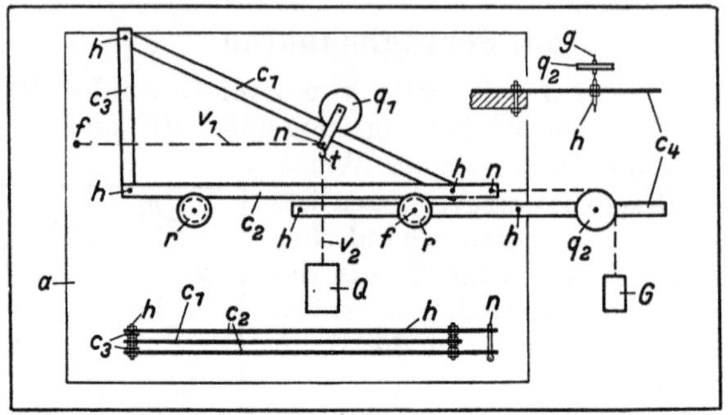

Abb. 55.

56. Schraube.

Man schneide aus Pappe ein Dreieck (Trapez) D aus und lege es um Gewindestifte h herum, die im Kreise nahe dem Rand der Scheibe d angebracht sind. Die Enden des Dreiecks werden auf beliebige Weise

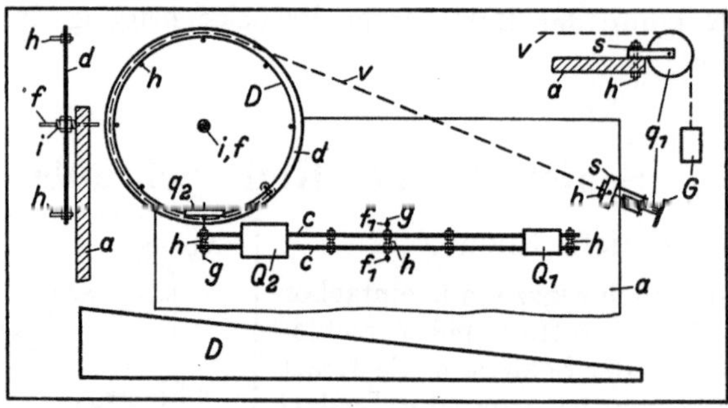

Abb. 56.

miteinander verbunden. Die Scheibe wird an der wagerecht gelegten Tafel a durch einen Stift f drehbar befestigt. Um das aufgewickelte Dreieck lege man eine Schnur v, die über eine nach Skizze an der Tafel a angebrachte Rolle q_1 geführt wird und durch ein Gewicht G belastet werden kann.

Aus zwei in die Tafel gesteckten Stiften f_1 und einem Stift g, der in den Bohrungen der Stifte f_1 gelagert ist, wird ein Bock gebildet und auf dem Stift g ein Hebel (Doppelschiene c) gelagert, der am einen Ende eine Schnurrolle q_2 trägt. Die Schnurrolle reitet auf der

Oberkante des Pappdreiecks D und ist durch das Gegengewicht Q_1 ausgeglichen.

Man bringe nun ein Belastungsgewicht Q_2 auf den Hebel auf und ermittle das Gewicht G, das erforderlich ist, um die Scheibe zu drehen und dabei die Last Q_2 zu heben.

Beim Vergleich mit der Rechnung Reibung berücksichtigen!

VII. Reibung.

57. Gleitreibung.

Eine Doppelschiene c wird mit Stiften f an der Tafel befestigt. Auf der Schiene gleitet ein Körper Q, der aus mehreren großen Platten s und einer schmalen Platte s_1 gebildet wird. Letztere führt den Körper zwischen den Schienen. Zu ermitteln ist das Gewicht G, das erforderlich ist, um den Körper auf der Unterlage aus der Ruhe in Bewegung zu bringen bzw. ihn in langsamer Bewegung zu erhalten. Das Verhältnis von G und Q ist der Reibungskoeffizient der Ruhe bzw. der Bewegung.

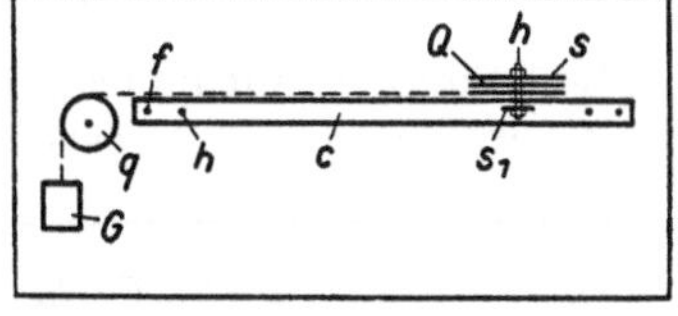

Abb. 57.

Durch Einfetten der Gleitbahn läßt sich der Reibungskoeffizient ändern.

Um genaue Ergebnisse zu erhalten, verwende man einen recht biegsamen Faden.

58. Reibungswinkel.

Die Schiene c wird so weit schräg gestellt, daß der Körper von selbst abwärts rutscht. Der hierzu erforderliche Winkel ϱ wird als „Reibungswinkel" bezeichnet. Man vergleiche das Ergebnis mit dem des vorigen Versuches, da das Verhältnis $G/Q = \operatorname{tg} \varrho$ sein muß.

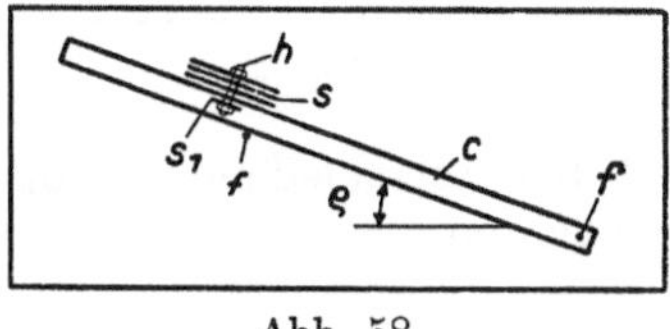

Abb. 58.

59. Zapfenreibung.

Man stelle mit dem Wagehebel, wie in der Skizze rechts angedeutet, das Gewicht der Scheibe d fest und befestige die Scheibe dann mit einem Stift f an der Tafel. Festgestellt wird, welches Drehmoment $G \cdot R$ erforderlich ist, um die Scheibe gegen den Reibungswiderstand zu drehen. Um etwaige Fehler in der Ausbalancierung der Scheibe auszugleichen, wiederhole man den Versuch, indem man das Gewicht G auf der entgegengesetzten Seite der Scheibe anbringt,

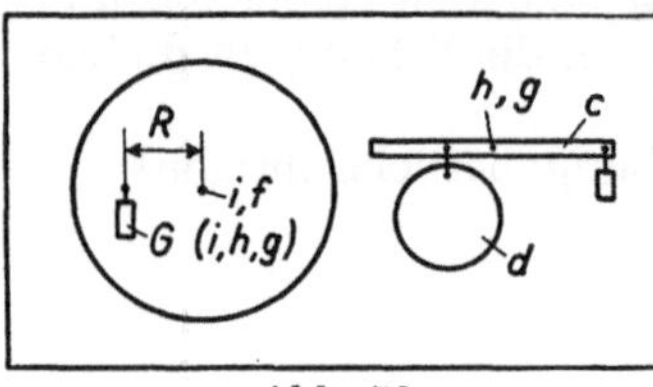

Abb. 59.

also das Drehmoment im umgekehrten Sinne wirken läßt. Es empfiehlt sich, die Scheibe dann um 90^0 zu drehen und in dieser Stellung beide Versuche nochmals vorzunehmen.

Um die Reibung bei einem kleineren Zapfendurchmesser festzustellen, führe man in die Nabe einen Gewindestift h ein und setze die Scheibe auf einen dünnen Stift g. Der Versuch läßt sich weiter ändern durch Beschweren der Scheibe mit symmetrisch daran befestigten Platten s.

60. Backenbremse.

Die Scheibe e, mit einer Rolle r zusammengespannt, wird mit einem Stift f_1 an der Tafel befestigt. Eine Doppelschiene c dreht sich um den in die Tafel gesteckten Stift f_2. Nahe dem einen Ende der Schiene c sind mit Gewindestiften h_1 zwei Platten s angeklemmt, die sich gegen den Scheibenumfang legen und die Bremskraft hervorrufen. Aus der Größe der Last Q, die bei einem Bremsdruck G noch eben langsam niedersinkt, ist der Reibungskoeffizient zu berechnen.

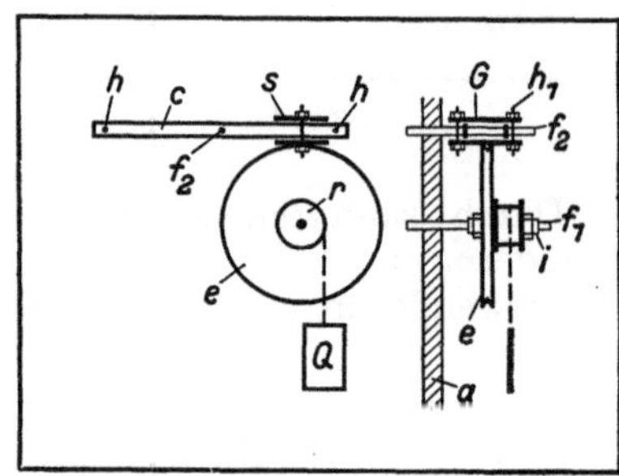

Abb. 60.

Man kann das Gewicht Q eine Strecke weit fallen lassen, dann das Bremsgewicht G einfallen lassen und bei verschiedenen Größen des Bremsgewichtes den Bremsweg beobachten.

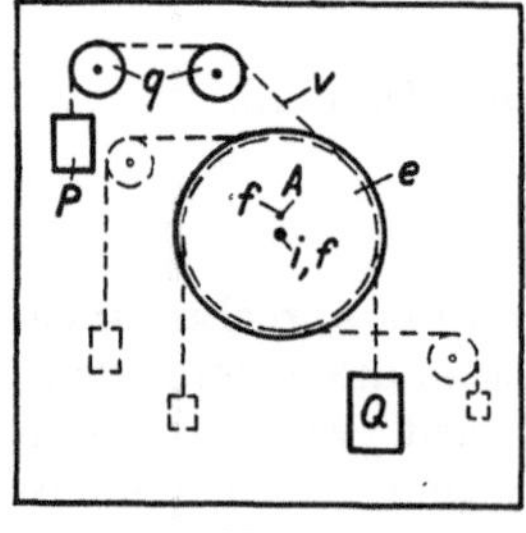

Abb. 61.

61. Seilreibung am Scheibenumfang.

Die Scheibe e wird in der Mitte drehbar aufgehängt und bei A durch einen Stift f an der Tafel festgesteckt. Man lege nun eine Schnur v über einen Teil des Scheibenumfanges, belaste am einen Ende mit dem Gewicht Q und stelle fest, welche Kraft P am anderen Ende ausgeübt werden muß, damit die Schnur eben am Gleiten verhindert wird. Dies ist bei verschiedenen Umschlingungs-

winkeln, von 45 bis 270°, auszuführen. Man bestimme den Reibungs-
koeffizienten zwischen Schnur und Scheibenumfang.

62. Bandbremse.

Eine Bremsscheibe d, wie bei Versuch 60 mit einer Rolle r zusammengespannt, ist an der Tafel drehbar be-
festigt. Eine einfache Schiene c, die in ihrer Mitte
im Punkte M an der Tafel festgemacht ist, bildet
den Bremshebel. Die Schnur v — das Bremsband —
wird mit dem einen Ende bei A, mit dem anderen
im Punkte M oder — bei der Differential-Band-
bremse — im Punkte N festgemacht. Zu bestimmen ist die Kraft G, die imstande ist, eine
Last Q eben am Absinken zu hindern oder bei
der ein langsames gleichmäßiges Absinken der
Last erfolgt.

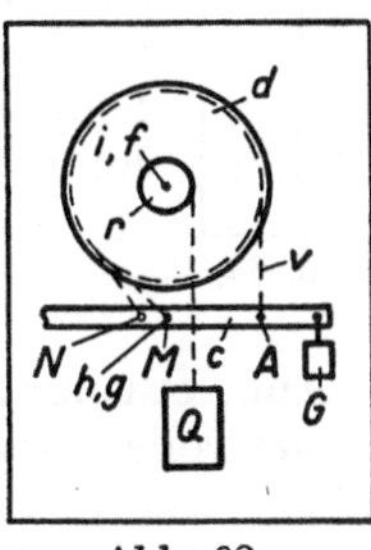

Abb. 62.

Man vergleiche das Ergebnis rechnerisch mit dem des vorigen
Versuches.

VIII. Grundlagen der Dynamik.

63. Trägheit.

Auf den Stift g setzt man drehbar eine
Doppelschiene c_1 und eine einfache Schiene c_2
und belastet beide mit demselben Gewicht s.
Die beiden Hebel werden nun in schräger
Lage, genau voreinanderstehend, wie es die
Skizze zeigt, mit der Hand festgehalten und
dann gleichzeitig losgelassen. Es zeigt sich,
daß das Gewicht s die Schiene c_2 wesent-
lich stärker beschleunigt, als die Schiene c_1,
weil letztere ein größeres Trägheitsmoment
besitzt.

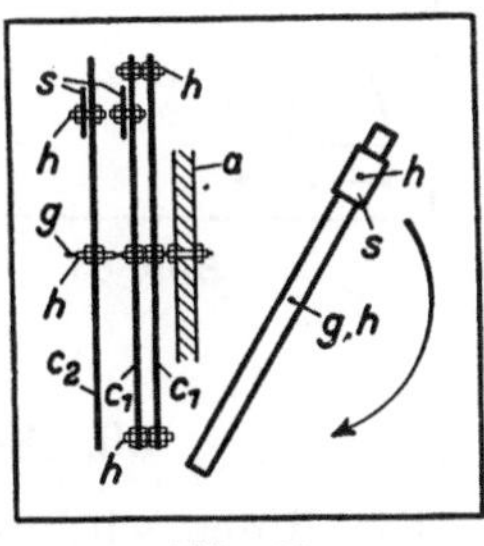

Abb. 63.

64. Arbeit und lebendige Kraft.

Die Scheibe d wird mit einem Nabenstift i versehen; auf jeder
Seite werden zwei Unterlegscheiben p und zwei Muttern aufgesetzt
und eine Schnur von im ganzen 1,5 bis 2 m Länge mit ihren beiden
Enden auf jeder Seite zwischen der Scheibe p_1 und der benachbarten
Mutter festgeklemmt. Oben wird der Faden über einen in der Tafel
befestigten Stift gehängt. Durch Drehen der Scheibe wickelt man
den Faden auf die beiden zwischen den Unterlegscheiben p_1 und p_2

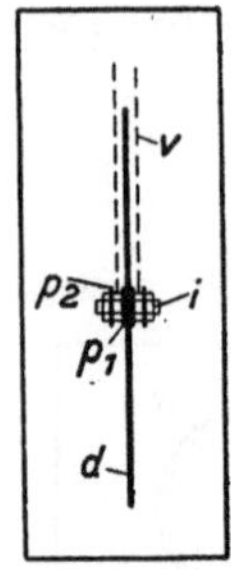

Ab b. 64.

befindlichen Muttern auf, bis die Scheibe d den Aufhänge-
stift berührt. Läßt man die Scheibe nun los, so kommt
sie in immer raschere Drehung, indem die Fallarbeit sich
in lebendige Kraft der umlaufenden Scheibe umsetzt. Ist
die Scheibe unten angekommen, so wickelt der Faden
sich wieder auf, und die Scheibe würde die gleiche Höhe
wieder erreichen, wenn nicht durch die Steifigkeit der
Schnur und andere Einflüsse ein Teil der Energie verloren ginge.

65. Wurfkurve.

Auf der schräg gelagerten Doppelschiene läßt man eine Laufrolle r
herunterrollen und auf den Fußboden aufschlagen. Aus den Höhen H_1
und H_2 und dem Neigungswinkel α wird die Entfernung A bestimmt
und durch den Versuch nachgeprüft.

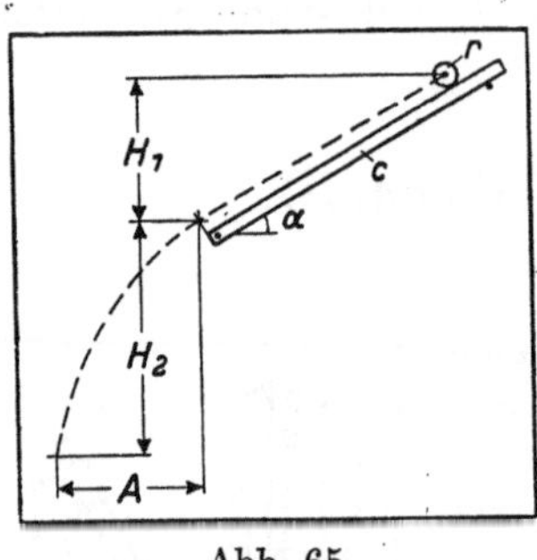

Abb. 65.

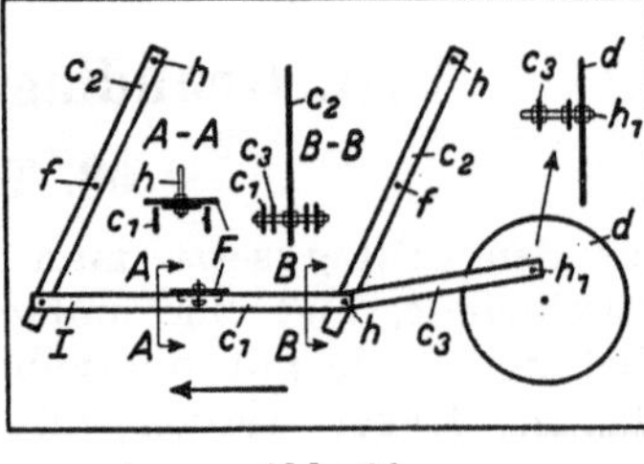

Abb. 66.

66. Förderrinne (Schüttelrutsche).

Die Rinne wird durch einen aus zwei Schienen c_1 gebildeten Stab
dargestellt, der an Pendeln c_2 aufgehängt ist. Die Pendel sind an
Stiften f gelagert. Antrieb durch eine kurze Schiene c_3 als Kurbel-
stange von der Scheibe d aus. Die Pendel müssen in der äußersten
Totlage der Kurbel nach rechts noch eine etwas geneigte Stellung
haben. Durch eine oder mehrere Gewichtsplatten mit einer dar-
untergeschraubten schmalen Platte als Führung wird der Körper F
gebildet, der gefördert werden soll. Setzt man die Scheibe in gleich-
mäßige und nicht zu langsame Drehung, so wird sich zeigen, daß der
Körper in der Richtung des Pfeiles wandert. Bei zu rascher Drehung
treten in den Totlagen der Kurbel heftige Stöße auf, und der Körper
beginnt zu springen.

67. Veranschaulichung des Prinzips von d'Alembert. I.

Schnurrollen q werden an beiden Enden eines Hebels angebracht, der in der Mitte an einem dünnen Stift g als Zapfen aufgehängt ist. Die über die Rollen gelegte Schnur v wird an beiden Enden mit G_1 belastet; an einem Ende ist ein Zusatzgewicht G_2 anzubringen (die eingeschriebenen Gewichte sollen nur als Beispiel dienen). Die Schnur wird durch einen Zwirnsfaden F an der Verschiebung gehindert. Am Hebel ist zum Ausgleich des Übergewichts G_2 ein Gewicht G_3 anzubringen. Durchschneidet man den Zwirnsfaden mit der Schere, so beschleunigen sich

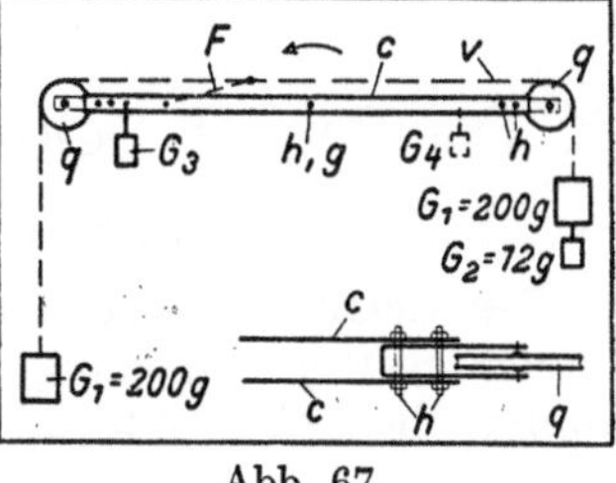

Abb. 67.

die an den Schnurenden aufgehängten Gewichte, und die Folge ist, daß der Hebel sich in der Pfeilrichtung dreht. Es ist ein besonderes Gewicht G_4 erforderlich, um den Hebel während des Beschleunigungsvorganges in seiner Lage zu halten.

68. Veranschaulichung des Prinzips von d'Alembert. II.

Eine Schiene c_1 und eine Platte s werden mit zwei Gewindestiften h_1 in möglichst weitem Abstand voneinander fest verschraubt, wie aus der Seitenansicht zu ersehen. Durch einen der beiden Gewindestifte h_1 steckt man nun einen Stift g_1 und hängt die aus Schiene c_1 und Platte s hergestellte Konstruktion als Pendel an der Tafel auf. Es empfiehlt sich, den Stift g_1 vorn noch einmal in einem Stift h zu lagern, der in einer parallel zur Tafel angebrachten Schiene c_2 befestigt ist.

Nun steckt man durch Schiene c_1 und Platte s einen Stift f_1 und setzt drehbar darauf die Scheibe d, die mit einer Rolle r durch einen Stift i zusammengespannt ist. Eine Drehung der

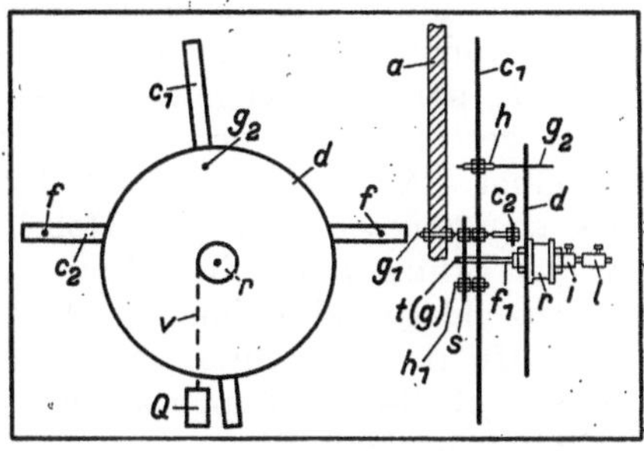

Abb. 68.

Scheibe d gegenüber der Schiene c_1 wird vorerst durch Stift g_2 verhindert.

Hängt man jetzt an die Schnur v, die um die Rolle r geschlungen ist, ein Gewicht Q (mehrere 100 Gramm), so stellt die ganze pendelnd aufgehängte Konstruktion sich schräg ein.

Alsdann ziehe man den Stift g_2 heraus, so daß die Scheibe d sich unter der Wirkung des Gewichtes Q zu drehen beginnt. Es wird sich dann zeigen, daß der Zug an der Schnur keinen Einfluß mehr auf das Pendel ausübt, da seinem Moment das umgekehrte Beschleunigungsmoment der Scheibe d entgegenwirkend zu denken ist. Die Schiene c_1 stellt sich senkrecht ein.

IX. Das Pendel. Schwingungslehre. Trägheitsmoment.

69. Schnurpendel (vgl. Versuch 72).

Die Schnur v wird mit Hilfe eines Gewindestiftes h an einem dünnen Stift g aufgehängt und am anderen Ende belastet. Man bestimme die Schwingungsdauer rechnerisch und durch den Versuch.

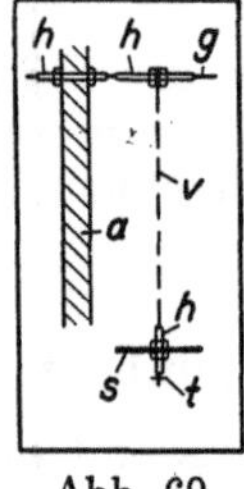

Abb. 69.

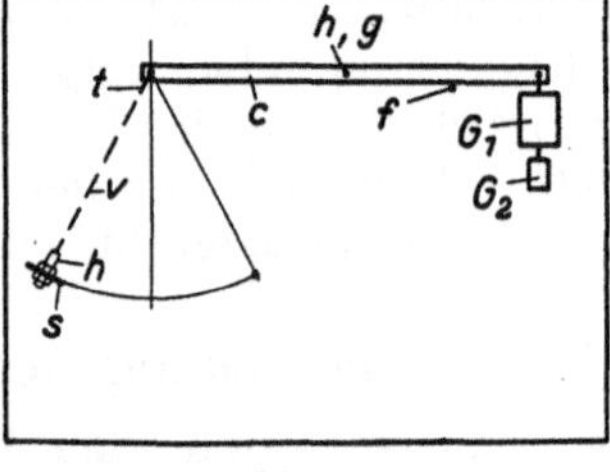

Abb. 70.

70. Auflagerdruck eines Pendels.

In der unter Nr. 69 beschriebenen Weise wird ein Pendel hergestellt und auf der einen Seite eines Hebels aufgehängt; das Gewicht G_1 stellt Gleichgewicht her. Der Hebel wird durch einen Stift f gestützt; auf der rechten Seite wird noch das Gewicht G_2 angehängt. Man versetzt jetzt das Pendel in Schwingungen, die so stark sein müssen, daß der Hebel sich bei jeder Pendelschwingung von der Stütze f abhebt. Das Abheben wird mit dem Abnehmen des Ausschlages allmählich geringer; in dem Augenblick, in dem es ganz aufhört, mißt man den Ausschlag mit Hilfe eines hinter das Pendel gehaltenen Papierbogens. Das Versuchsergebnis ist durch Rechnung nachzuprüfen.

71. Physisches Pendel.

Man bringt an einem beliebigen Punkt der Schiene c einen Gewindestift h an und läßt das so entstandene physische Pendel um einen Stift g schwingen. Die Schwingungsdauer wird beobachtet und mit dem Ergebnis der Rechnung verglichen. Das Trägheitsmoment der Schiene ist mit Rücksicht auf die Löcher nicht aus den Querschnittsabmessungen, sondern aus dem Gewicht und der Länge zu bestimmen.

Sodann ermittle man rechnerisch die reduzierte Pendellänge und vertausche Aufhängepunkt und Schwingungsmittelpunkt, indem man den Gewindestift herausnimmt und im Schwingungsmittelpunkt einsetzt. Die Schwingungsdauer muß bei dieser Aufhängung dieselbe sein wie vorher.

Der Versuch läßt sich durch Hinzufügen von Gewichten beliebig verändern.

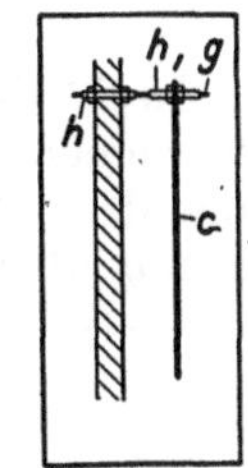

Abb. 71.

72. Bestimmung des Trägheitsmomentes einer Scheibe aus einem Pendelversuch.

Man hänge die Scheibe unter Benutzung eines Stiftes h in derselben Weise wie beim Pendelversuch Nr. 71 auf, und zwar, um genaue Werte zu erhalten, in nicht zu großer Entfernung vom Mittelpunkt. Aus der Schwingungsdauer und dem Gewicht wird das Trägheitsmoment der Scheibe bestimmt. Der Stift h ist vor dem Abwiegen der Scheibe d zu entfernen.

Man stelle das Trägheitsmoment der Scheibe außerdem zum Vergleich rechnerisch aus dem Gewicht und dem Durchmesser fest. Vollkommen genau wird die Rechnung nicht wegen der ungleichmäßigen

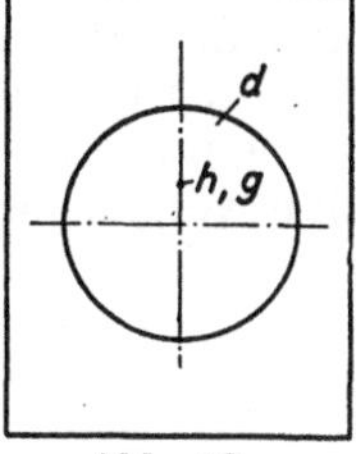

Abb. 72.

Verteilung der Löcher auf der Kreisfläche, doch ist der Fehler gering.

73. Schwingungsdauer bei bifilarer Aufhängung.

Man hänge die Scheibe d unter Benutzung zweier Stifte h und zweier gleich langer Schnüre v an Stiften f auf, die in der Tafel befestigt sind, und versetze die Scheibe in Drehschwingungen. Falls störende Schwingungen auftreten sollten, setze man in der Mitte einen Gewindestift i ein und stecke einen Stift f hindurch, den man mit der Hand hält, so daß die Scheibe sich daran führt. Aus der Schwingungsdauer und dem Gewicht der Scheibe wird das Trägheitsmoment bestimmt. Das Gewicht der Stifte h mit Muttern kann in der Rechnung berücksichtigt werden.

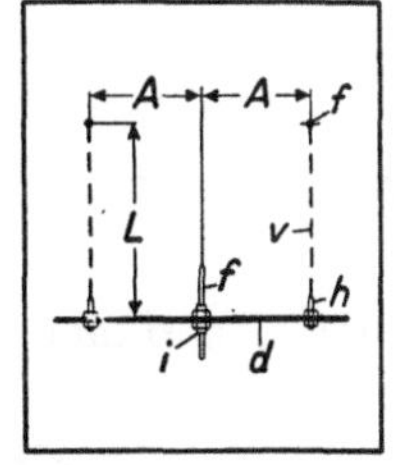

Abb. 73.

Man vergleiche das Ergebnis mit dem des einfachen Pendelversuches (Nr. 72).

74. Elastische Drehschwingungen.

Zwei Stifte f_1 werden in die Tafel gesteckt und mit drei Platten s eine Schiene c in wagerechter Lage daran festgeklemmt. Am anderen Ende der Schiene wird unter Zwischenlage kleiner Platten s ein Rollenbügel q über die Schiene geschoben und festgeklemmt. An dem Fuß

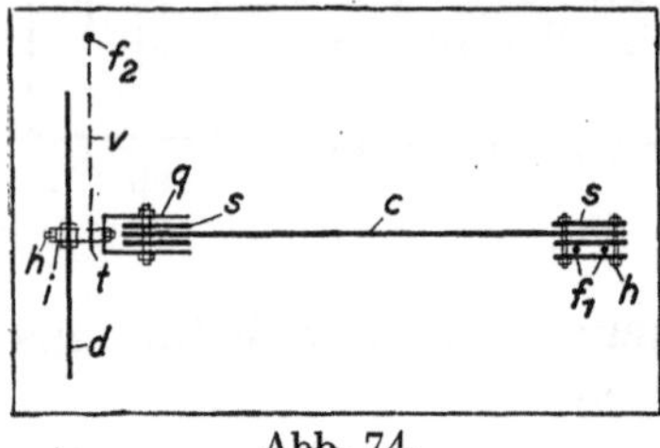

Abb. 74.

des Rollenbügels endlich wird die auf einen Gewindestift i gesetzte Scheibe d durch einen Gewindestift h befestigt; Muttern kräftig anziehen! Das nach innen überstehende Ende des Gewindestiftes i wird in einen Drahthaken t gelegt und dieser mit einer Schnur v an einem an der Tafel befestigten Stift f_2 aufgehängt.

Man versetze die Scheibe in Drehschwingungen und beobachte die Schwingungsdauer. Ferner ermittle man das Moment, das erforderlich ist, um die Scheibe um den Winkel 1 (in Bogenmaß gemessen) zu verdrehen. Aus der Schwingungsdauer und diesem Moment läßt sich das Trägheitsmoment berechnen. Man vergleiche das Ergebnis wieder mit dem der früheren Versuche.

75. Polares und axiales Trägheitsmoment.

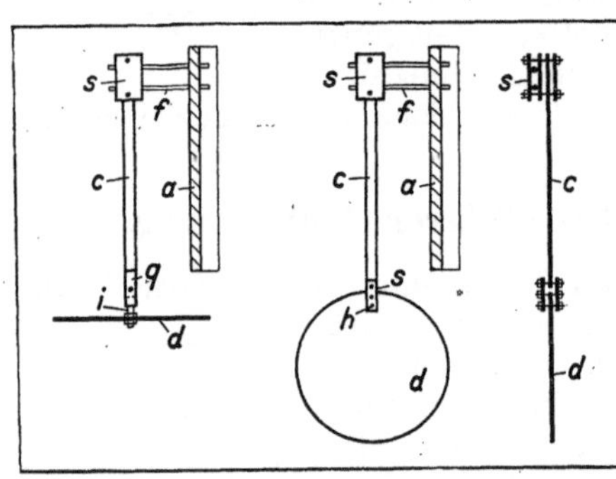

Abb. 75.

Die wie bei Versuch 74 eingeklemmte Schiene c wird senkrecht gehängt (Abb. links), so daß die Scheibe in wagerechte Lage kommt, und die Schwingungsdauer bei Drehschwingungen ermittelt. Man befestige dann die Scheibe in senkrechter Lage an der Schiene (Abb. rechts). Im ersten Falle ist das polare, im zweiten Falle das axiale Trägheitsmoment wirksam, das halb so groß ist. Die Schwingungsdauern müssen sich daher wie $\sqrt{2} : 1$ verhalten.

76. Elastische Biegungsschwingungen.

Eine Schiene c wird nach Skizze wagerecht eingespannt und die Schwingungsdauer (ohne Belastung mit s_2) beobachtet. Mit Hilfe einer über eine Rolle geleiteten Schnur (vgl. Nr. 56) stelle man fest, welche Kraft erforderlich ist, um das Stabende um 1 cm abzulenken. Aus beiden Beobachtungen ist zu ermitteln, welche Masse bzw. welcher Anteil der gesamten schwingenden Masse am Stabende konzentriert gedacht werden kann.

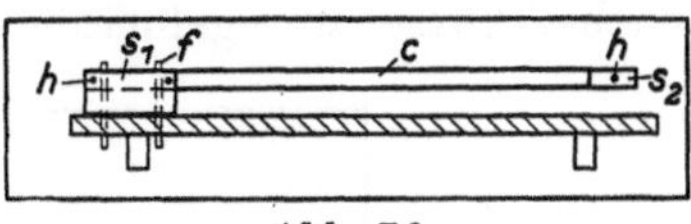
Abb. 76.

Man befestige nun am Stabende mit einem Stift h zwei kleine Gewichtsplatten s_2, deren Masse zu dem vorher ermittelten Massenanteil mit hinzuzurechnen ist. Hieraus errechnet sich die neue Schwingungsdauer, die durch Beobachtung nachgeprüft wird.

Falls eine Schraubenfeder passender Stärke zur Hand ist, kann man auch damit Schwingungsversuche ausführen. Die Scheiben geben geeignete Belastungsgewichte ab.

77. Erzwungene Schwingungen.

Eine Doppelschiene c_1 wird auf zwei Rollen r gelagert und nach Skizze mit einem Kurbelgetriebe verbunden, das aus der Scheibe d und einer einfachen Schiene c_2 besteht. Durch Drehen der Scheibe kann jetzt die Schiene c_1 hin und her bewegt werden. In der Mitte der Schiene c_1 hänge man eine einfache Schiene c_3 pendelnd auf. Es zeigt sich, daß bei rascher Drehung nur ein geringer Einfluß auf das Pendel ausgeübt wird, ebenso bei sehr langsamer Drehung der Scheibe. Wenn die Umlauf-

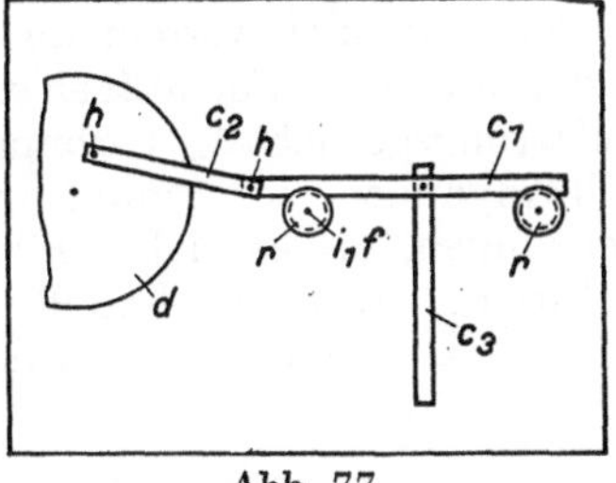
Abb. 77.

dauer und die Schwingungsdauer indessen übereinstimmen, so schlägt das Pendel stark aus.

(Vgl. Zeitschrift des Vereines deutscher Ingenieure 1913, S. 1674.)

78. Erregung von Schwingungen mittels exzentrisch belasteter umlaufender Scheibe.

Eine aus zwei Schienen c_1 und Stehbolzen h_1 gebildete Stange c_1 wird mit Stiften f parallel zur Tafelfläche befestigt und zwischen Stange und Tafel an seitlich vorstehenden Gewindestiften h_2 ein aus kurzen Schienen c_2 gebildetes Pendel angebracht. Zwischen den Schienen dieses Pendels wird die Scheibe d gelagert, durch deren Nabenbolzen i ein Gewindestift h_3 gesteckt ist. Der Abstand x soll nicht zu groß sein, er kann z. B. 4 cm betragen. Die Scheibe ist

durch einen kurzen Gewindestift h_4 mit zwei Muttern einseitig belastet. Setzt man die Scheibe in rasche Drehung, so wird das Pendel
zunächst kurze, unregelmäßige Bewegungen ausführen. Infolge der

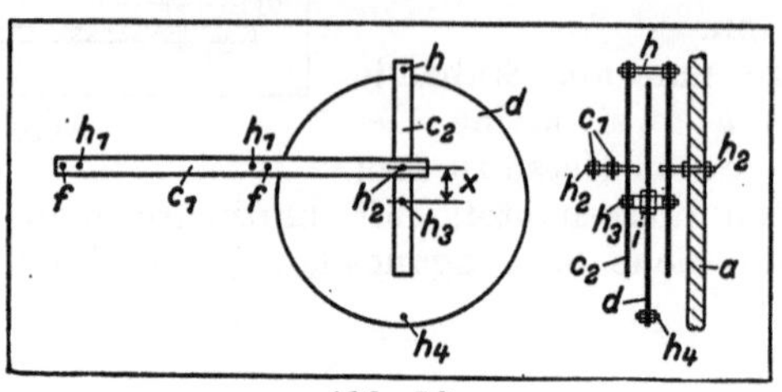

Abb. 78.

Reibung läuft die Scheibe dann allmählich langsamer; wenn der
Augenblick eintritt, in dem die Umlaufdauer der Scheibe mit der
Schwingungsdauer des Pendels übereinstimmt, beginnt das Pendel
stark auszuschlagen.

79. Gekoppelte Schwingungen.

Zwei Pendel werden an Stiften g in einiger Entfernung vonein-
ander an der Tafel aufgehängt und durch eine Schnur mit leichtem
Belastungsgewicht s_2 verbunden. Versetzt man nun das Pendel I in
Schwingungen, so kommt auch das Pendel II nach und nach zum
Schwingen, bis es sich schließlich allein bewegt und Pendel I nahezu
stillsteht. Nun wiederholt sich derselbe Vorgang in umgekehrter
Richtung, indem die Schwingungsenergie wieder auf Pendel I über-
tragen wird, usw.

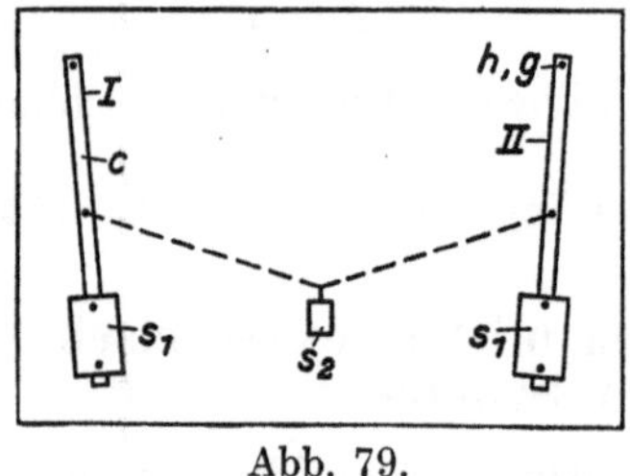

Abb. 79.

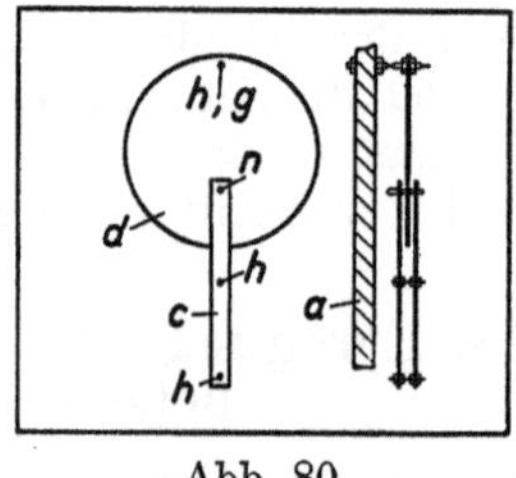

Abb. 80.

80. Gekoppelte Schwingungen (Glocke und Klöppel).

An der Scheibe d werden mittels eines Stiftes n beiderseitig kurze
Schienen aufgehängt, die unten miteinander versteift sind. Die
Scheibe selbst schwingt um einen Stift g. Läßt man nun die Schiene
schwingen, so gerät auch die Scheibe in Schwingungen, während die

Schiene allmählich aufhört, selbständig Schwingungen auszuführen. Darauf beginnt wieder die Schiene zu schwingen, während die Scheibe zur Ruhe kommt, usw.

81. Resonanzerscheinungen bei rasch umlaufenden Wellen.

Ein langer Stift f wird nach Skizze in zwei Stellringen l_1 gelagert und mit Hilfe von Gewindestiften h_1 an einer Schiene c, die ihrerseits durch Gewindestifte h_2 an der Tafel befestigt ist, angebracht. Scheibe e und Rolle r sind durch einen Gewindestift i zusammengespannt, und dieser ist durch seine Stellschraube auf der Welle befestigt. Durch einen Stellring l_2 wird die Lage der Welle gesichert. Die Welle muß sich leicht drehen; es empfiehlt sich, die Lager zu ölen. Auf

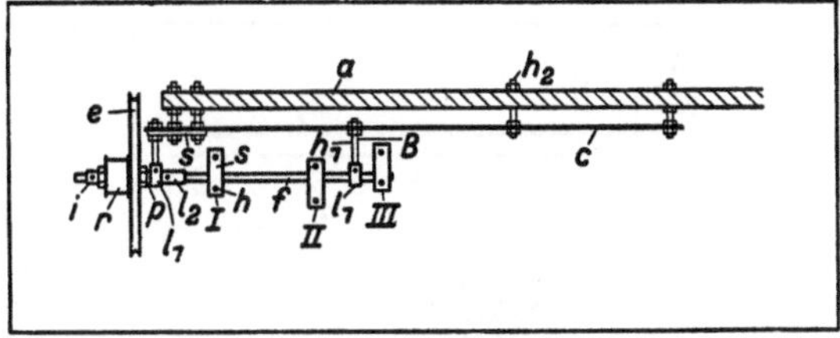

Abb. 81.

der Welle werden vorläufig nur die Gewichtsplatten II mit geringer Exzentrizität festgeklemmt.

Alle Muttern und Stellschrauben sind kräftig anzuziehen und vor jedem Versuch zu probieren, da sie sich infolge der Erschütterung leicht lockern.

Durch Abziehen einer um die Rolle r gewickelten Schnur versetzt man die Welle in rasche Drehung. Bei abnehmender Geschwindigkeit geht die Welle durch verschiedene Drehzahlen hindurch, bei denen Resonanz mit der Unterstützung eintritt. Besonders auffallend ist, daß senkrechte Schwingungen des Stiftes B — Torsionsschwingungen der Schiene — eintreten, außerdem wagerechte Biegungsschwingungen der Schiene. Unter Umständen kommt auch das ganze System mit der Tafel in Schwingungen. Man probiere die passendsten Verhältnisse aus.

X. Fliehkraft. Kreisel.

82. Zentrifugal-Versuch.

Bei der Anordnung nach Versuch 45 wird die Rolle r an den unteren Rand der Tafel gesetzt und möglichst weit vorgebaut. Bei dem senkrechten Stift f muß die Bohrung nach unten stehen. Man befestigt in der Bohrung eine Schnur und hängt daran einen Stift oder eine in sich geschlossene Kette auf. Bei rascher Drehung stellt der Stift sich wagerecht, die Kette in eine wagerechte Kreislinie ein.

Die Rillenscheibe e kann auch in derselben Weise wie die Rolle r auf einem senkrechten Stift f mit Stellringen l gelagert werden, nur ist sie über den oberen Stellring zu legen, damit man sie mit der Hand bequem drehen kann.

83. Fliehkraft-Regler.

Der Regler wird so, wie aus der Skizze ersichtlich, an der wagerecht gelegten Tafel mit Hilfe einer Doppelschiene c_1 aufgebaut. An dem unteren Gelenkpunkt, an dem Belastungsgewichte angebracht sind, hänge man zwischen den beiden einfachen Schienen c_2 einen Stift f_4 auf, an dem man mit der Hand lose anfaßt, um ein Schwingen der ganzen Vorrichtung zu verhindern.

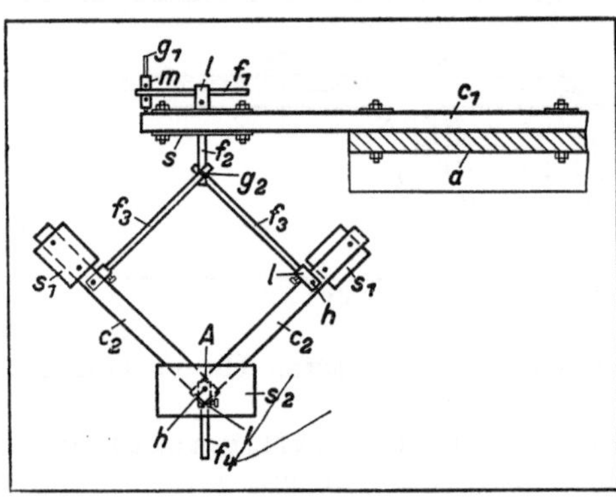

Abb. 83.

Man versetzt die Vorrichtung in Drehung, indem man mit der Hand den Kurbelstift g_1 faßt. Je schneller gedreht wird, um so weiter gehen die Gewichte s_1 nach außen, während das Belastungsgewicht s_2 sich hebt. Bewegt man den Stift f_4 mit der Hand nach oben, so verringert sich die Umlaufzeit, weil die Gewichte s_1 weiter nach außen gehen und bei gleichbleibender Umlaufzahl höhere Geschwindigkeit annehmen müßten. Man braucht einen gewissen Energieaufwand an der Kurbel, um die Gewichte s_1 zu beschleunigen und die alte Umlaufzahl wieder herzustellen.

Bei Herabziehen des Gelenkpunktes A tritt umgekehrt eine Erhöhung der Umlaufzahl ein.

84. Massenausgleich bei umlaufenden Wellen.

Die Anordnung nach Versuch 81 wird benutzt. Auf der Welle sind wenigstens an drei Stellen Gewichtsplatten s (I, II, III) festzuklemmen, deren Exzentrizität und gegenseitiger Abstand in bekannter Weise berechnet wird. Die ermittelten Werte müssen genau innegehalten werden. Es zeigt sich dann, daß die Welle, wenn man sie in rasche Drehung versetzt, ziemlich ruhig läuft, obwohl geringe Schwingungserscheinungen nicht ausbleiben werden. Kleine Verschiebungen der Gewichte haben bereits eine sehr merkbare Verstärkung der Schwingungen der Schiene c zur Folge.

85. Kreisel.

Man spannt die Scheibe d mit einer Rolle r zusammen und setzt beide, durch Stellringe l gesichert, auf einen Stift f. Die Scheibe d wird entweder mit der Hand oder durch Abziehen einer auf die Rolle r gewickelten Schnur in rasche Drehung versetzt; der Stift f ist dabei mit der Hand festzuhalten. Jeder Versuch, die Scheibe mit der Hand schräg zu stellen, hat dann ein Ausschwingen in der Richtung senkrecht zu der beabsichtigten Bewegungsrichtung zur Folge, und zwar um so stärker, je rascher die Scheibe umläuft und je rascher die Kippbewegung erfolgt. Man befestige den Stift sodann an einer Schnur v und beobachte die Präzession des

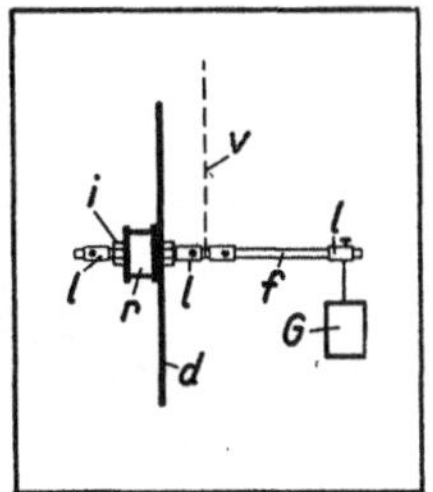

Abb. 85.

Kreisels, die sich durch Anbringung des Gegengewichtes G verändern läßt.

Bei dem Versuch ist Vorsicht geboten, namentlich wenn die Scheibe rasch umläuft. Man ziehe die Stellschrauben und Muttern fest an!

86. Schiffskreisel.

Auf eine oben versteifte kurze Doppelschiene c werden nach Skizze zwei Platten s geklemmt, so daß die Schiene an einem in der Tafel befestigten Stift f_1 pendelnd aufgehängt werden kann. Unten an der Doppelschiene befestigt man an einem Stift f_2 mit Stellringen die Scheibe d derart, daß sie quer zur Schwingungsebene der Schiene auszuschwingen vermag. Durch Anziehen der Schrauben h_1 oder h_2 werden die Schwingungen der Scheibe (des Kreisels) mehr oder weniger stark gedämpft. Man fasse die Doppelschiene unten an und versetze mit der Hand die Scheibe in rasche Drehung. Versucht man jetzt, die

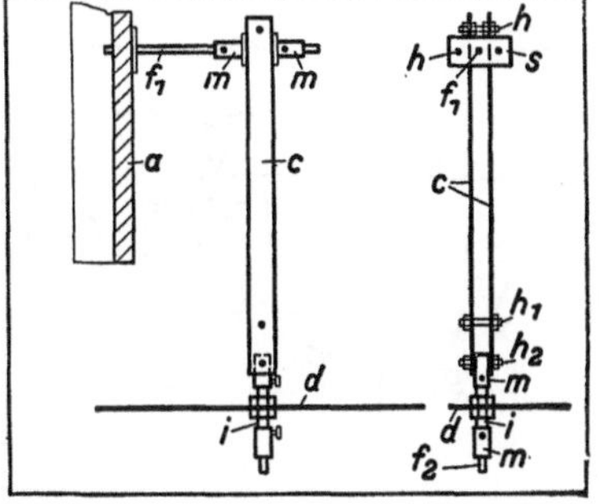

Abb. 86.

das Schiff verkörpernde Schiene mit dem Kreisel zusammen in Schwingungen zu versetzen, so zeigt es sich, daß der Kreisel ausschlägt und die Schiffschwingungen aufhebt oder auf ein ganz geringes Maß zurückführt.

XI. Kinematik.

87. Ellipsenlenker.

Aus der Scheibe d, einer Doppelschiene c_1 und einer einfachen Schiene c_2 wird ein Ellipsenlenker zusammengebaut. In den Punkten A und B sind die Teile an der Tafel befestigt; Punkt C beschreibt bei richtiger Wahl der Verhältnisse eine gerade Linie.

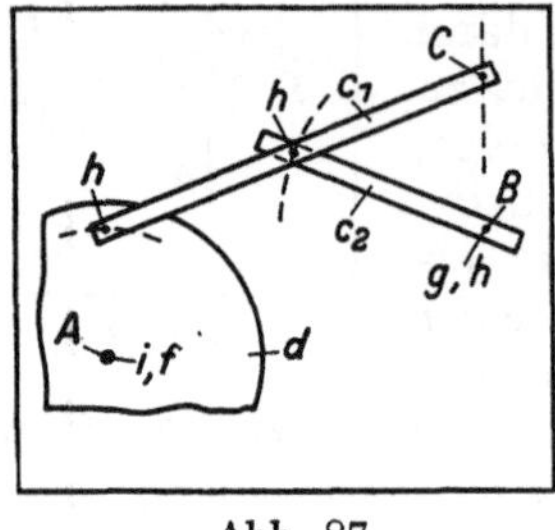

Abb. 87.

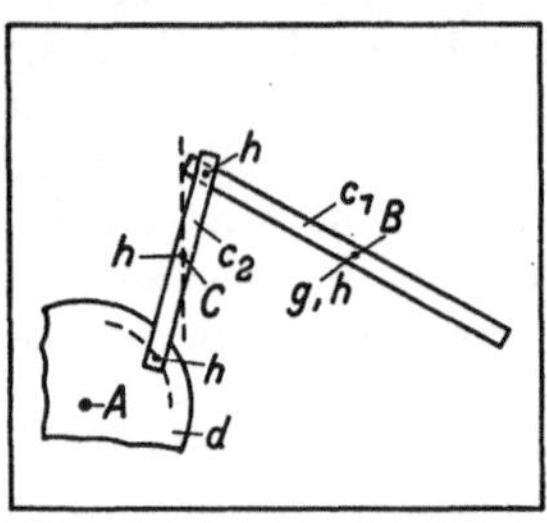

Abb. 88.

88. Lemniskoidenlenker.

Der Versuch ist grundsätzlich in derselben Weise wie Versuch 87 auszuführen.

89. Getriebe für langsamen Vorlauf und schnellen Rücklauf.

Zwei gehörig gegeneinander versteifte Schienen c_1 bilden eine Schwinge und fassen den an der Scheibe angebrachten Zapfen h_1 zwischen sich. Scheibe und Schwinge sind durch Stifte f_1 bzw. f_2 an der Tafel befestigt. Um an dem Kurbelzapfen h_1 bequem drehen zu können, steckt man einen dünnen Stift g in dessen Bohrung. Die aus zwei Schienen gebildete Stange c_2 überträgt die Bewegung auf ein Werkzeug oder dgl.; sie wird am einfachsten durch einen Lenker c_3 geführt, der mittels des Stiftes f_3 an der Tafel befestigt ist. Man drehe die Scheibe möglichst gleichmäßig; die Verschiedenheit der Zeitdauer von Hingang und Rückgang tritt dann sinnfällig hervor. Bei raschem Drehen tritt am Ende des schnellen Rückgangs ein heftiger Stoß ein.

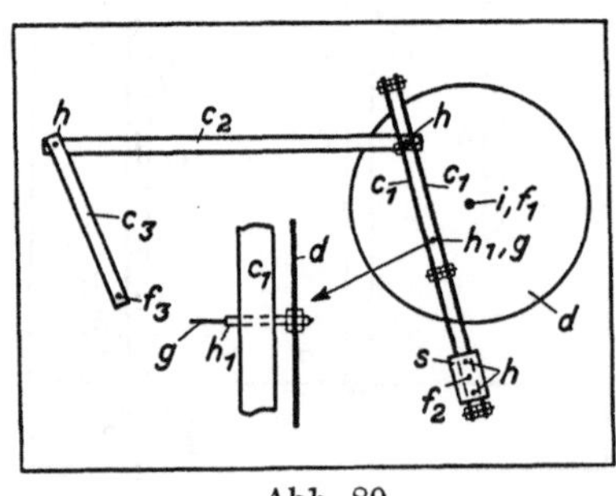

Abb. 89.

Die in Versuch 87 bis 89 (vgl. auch 66) dargestellten Versuche sind nur Beispiele für die große Anzahl von Versuchen, die auf dem weiten Gebiete der Kinematik vorgenommen werden können.

XII. Elastizitätslehre.

90. Dehnung.

An einem Gummiband w, das an dem Stift f aufgehängt ist, werden nacheinander verschiedene Gewichte G, G_1 usw. befestigt. Man bestimme bei jeder Belastungsänderung die gesamte Verlängerung des Bandes, vom unbelasteten Zustand an gerechnet, und trage sie in Abhängigkeit von der Belastung zeichnerisch auf.

Es empfiehlt sich, den gleichen Versuch mit einer Schraubenfeder vorzunehmen.

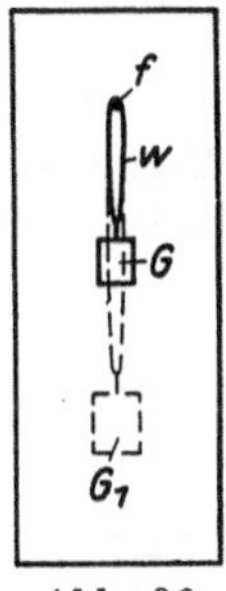

Abb. 90.

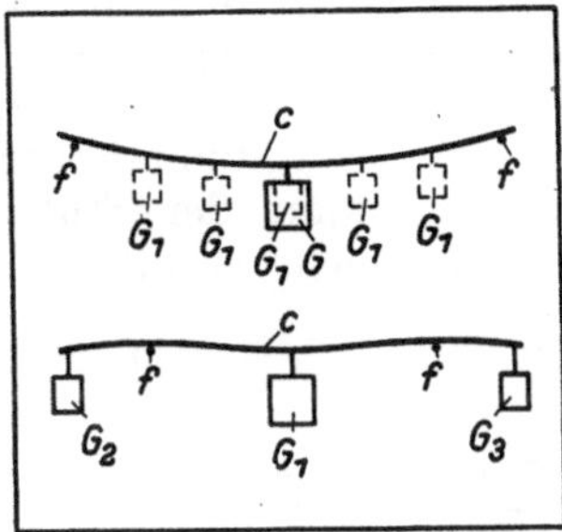

Abb. 91.

91. Träger auf zwei Stützen.

Eine Schiene c wird mit ihren Enden flach auf zwei Stifte f gelegt (obere Skizze) und mit einem Einzelgewicht G oder mit gleichmäßig verteilten Gewichten G_1 belastet.

Man rücke dann die Stifte f näher zusammen (untere Skizze) und belaste die Schiene in der Mitte und an den überkragenden Enden.

92. Am einen Ende eingespannter Träger.

Die Schiene wird zweckmäßig senkrecht angeordnet, da bei wagerechter Lage die Durchbiegung durch das Eigengewicht bereits erheblich sein kann.

Man befestige zwei Stifte f in der Tafel und spanne mit Platten s die Schiene c ein, die am freien Ende mittels einer über eine Rolle q

geführten Schnur *v* belastet wird. Sodann bringe man die Biegung, statt durch eine einzelne Kraft, durch ein Kräftepaar hervor und vergleiche die Formen, welche die elastische Linie in beiden Fällen annimmt, bei gleicher Gesamtdurchbiegung.

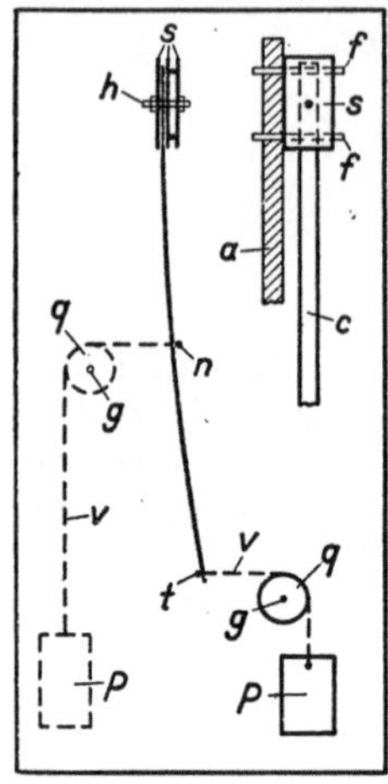

Abb. 92.

93. Träger auf drei Stützen. Bestimmung der Stützdrücke.

Die Schiene *c* wird auf drei Stiften *f* gelagert, die in beliebig verschiedener Höhe liegen können. Man hängt, z. B. neben der mittleren Stütze, ein Gewicht *G* an und bestimmt durch einen Schnurzug, welche nach oben wirkende Kraft *A* anzubringen ist, um den Träger gerade eben vom Auflager abzuheben. Ebenso wie in der Mitte kann man den Stützdruck auch an den äußeren Auflagern ermitteln.

Wird der mittlere Stift höher gesetzt, so nimmt der Druck an dieser Stelle zu; wird er gesenkt, so nimmt der Stützdruck ab, bis die Mitte überhaupt keine Belastung mehr erhält.

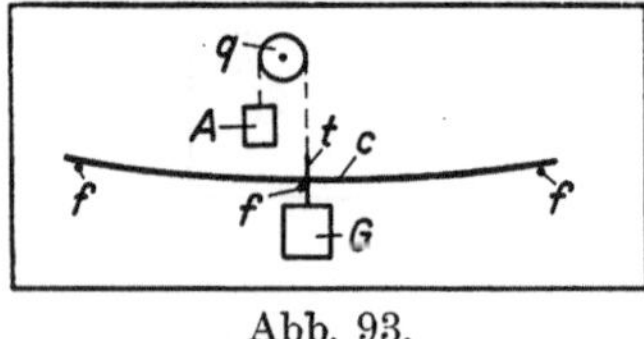

Abb. 93.

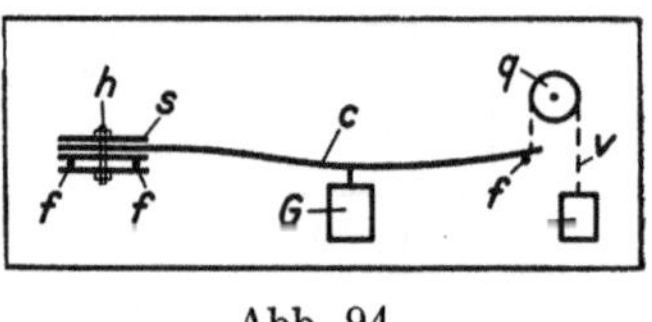

Abb. 94.

94. Am einen Ende eingespannter, am anderen Ende frei aufliegender Träger.

Anordnung nach Skizze. Auch hier ist bei verschiedener Höhenlage des Stiftes *f* der Auflagerdruck zu bestimmen (vgl. Versuch 93).

95. Knickung.

Die Schiene *c* wird am unteren Ende fest eingespannt und am oberen Ende belastet. Um die Durchbiegung zu verstärken, lasse man die Last, wie in der Skizze rechts angedeutet, mit größerem Hebelarm wirken.

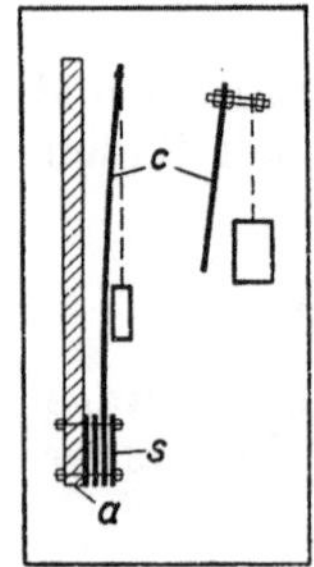

Abb. 95.

96. Gerberträger und durchlaufender Träger.

Eine lange Schiene c_1 wird nach Abb. I auf zwei Stifte f (F und G) gelegt, so daß die Enden überstehen. Die Schienen c_2 und c_3 werden einerseits durch Stifte n auf diesen überstehenden Enden, anderseits bei E und H auf Stiften h aufgelagert, die in Platten s_1 eingeschraubt sind. Die Platten werden mit fest angezogenen Gewindestiften h_1 einstellbar an dem Rande der Tafel angebracht. Man kann auf diese Weise die Höhenlage der Trägerstützpunkte E und H beliebig ändern.

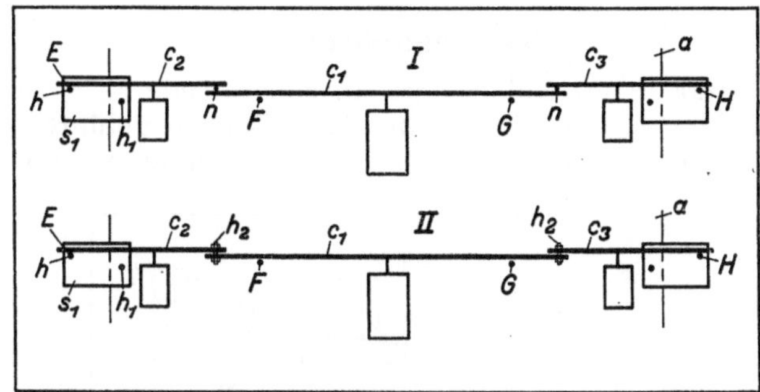

Abb. 96.

In ähnlicher Weise läßt sich ein durchlaufender Träger (Abb. II) herstellen, indem man durch Gewindestifte h_2 die Schienen c_2 und c_3 mit der Schiene c_1 fest verschraubt.

Bei Belastung der Schienen zeigt sich der Unterschied in dem Verhalten der beiden Trägerbauarten. Stellt man die Platten s_1 so ein, daß die Stützpunkte E, F, G, H nicht mehr in gleicher Höhe liegen, so bleiben bei dem Gerberträger (Skizze I) die Durchbiegungen und Stützendrucke unverändert, während bei dem durchlaufenden Träger die Stützpunkte E und H oder F und G entlastet werden und die Durchbiegungen und Beanspruchungen des Trägers sich völlig ändern.

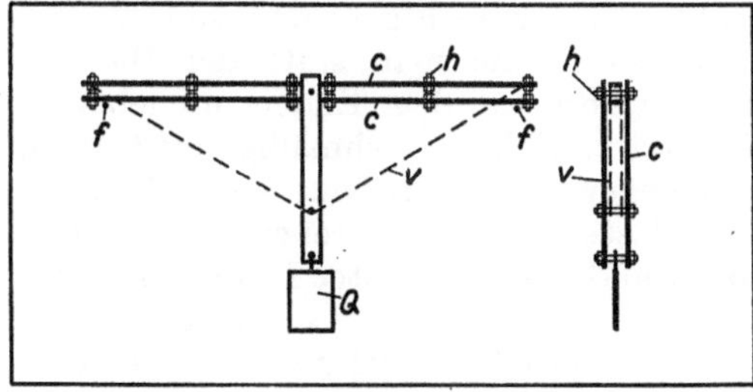

Abb. 97.

97. Einfaches Hängewerk.

Wagerechter Stab aus zwei langen Schienen, senkrechter Stab aus
zwei kurzen Schienen, gegeneinander versteift. Die Sehnur v ist so
anzuziehen, daß im unbelasteten Zustande der wagerechte Stab etwas
nach oben durchgebogen ist, damit er nach Belastung des Hänge-
werkes wieder gerade wird. Auflagerung auf Stiften f. Man vergleiche
die Durchbiegung eines einfachen Stabes, der nicht durch die Hänge-
konstruktion versteift ist, unter gleicher Belastung Q.

98. Hängebrücke.

Eine Schnur v (das Kabel) wird an einem Ende an einem Stift f_1
festgemacht, am anderen Ende über eine Rolle q geführt und dann
um den Stift f_2 fest herumgewickelt. Die Schnur ist mit Knoten

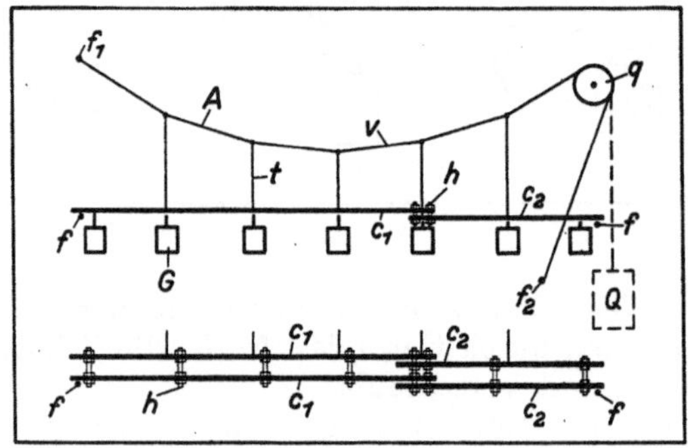

Abb. 98.

nach Abb. XIII der „Allgemeinen Anweisung" zu versehen, die bei der
fertigen Konstruktion wagerecht gemessen in gleicher Entfernung
liegen sollen. Der Versteifungsträger wird aus zwei miteinander verschraubten Schienen c_1 und c_2 gebildet, die mit ineinander gehängten
Haken t an den Knoten der Schnur v aufzuhängen sind. Die Haken
werden nötigenfalls etwas zurechtgebogen; soll der Versuch häufiger
ausgeführt werden, so nehme man statt der Haken besondere ab-
gepaßte Drahtstücke, die an den Enden umgebogen werden. Die
Schienen werden nun zunächst gleichmäßig mit Gewichten G — entsprechend dem Eigengewicht der Brücke — und dann mit beliebigen
Einzelgewichten belastet. Durch Drehen des Stiftes f_2 kann die
Schnur v angezogen und ein bestimmter Durchhang hergestellt werden.
Man kann auch das Ende der Schnur v, statt es an dem Stift f_2 zu
befestigen, mit einem Gewicht Q belasten und so die Spannung des
Kabels bei bestimmtem Durchhang messen.

Zu beachten ist das Zusammenwirken von Kabel und Versteifungsträger. Der Träger allein biegt sich unter der Belastung übermäßig durch, während anderseits das Kabel allein beim Aufbringen einer Einzellast starke Verzerrungen der ursprünglichen Form gegenüber erleiden würde. Durch Zusammenwirken beider ergibt sich ein widerstandsfähiges System.

Man stelle fest, welchen Einfluß es hat, wenn der Träger aus doppelten, miteinander verschraubten Schienen hergestellt wird (untere Skizze), also größere Steifigkeit erhält.

99. Der Bogen.

Eine Schiene c wird mit Platten s an jedem Ende an einem Stellring l festgeklemmt und dieser lose über einen in der Tafel befestigten Stift f geschoben. Man belaste die Schiene auf verschiedene Weise und beobachte die Durchbiegung sowie die Einstellung der Schienenenden. Die Vorspannung der Schiene c läßt sich beseitigen, indem man die Schiene entsprechend zurechtbiegt; sie ist dann allerdings für andere Zwecke nicht mehr zu gebrauchen.

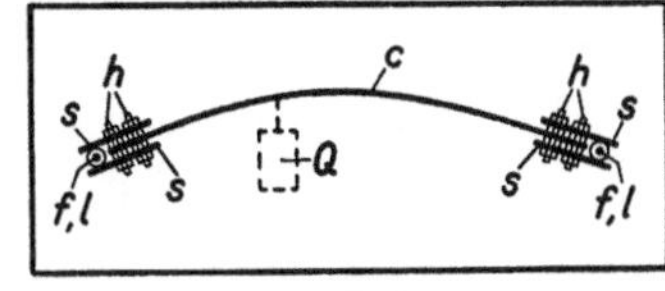

Abb. 99.

100. Begriff der Vorspannung.

Eine Schiene c wird so eingespannt, daß die freie Länge nicht zu groß ist. Sie erhält durch Herunterbiegen des Endes eine gewisse Vorspannung, die durch Abstützung gegen einen Stift f_2 festgehalten wird. Hängt man nun ein Gewicht G an dasselbe Ende, so ändert sich zunächst in den Biegungsverhältnissen der Schiene nichts. Dagegen nimmt der Druck zwischen c und f_2 ab, bis er ganz überwunden wird und die Schiene sich nun unter der Belastung frei durchbiegt.

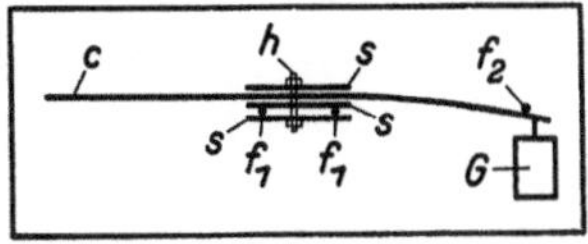

Abb. 100.

Druck von Oscar Brandstetter in Leipzig.

Technisch - wissenschaftliche Lehrmittelzentrale

Berlin NW 87 / Sickingenstraße 24 / Fernruf: Moabit 3000

Wiedergabe eines TWL-Diapositivs: Pantechno, Tafelgröße 71×55 cm

Das Universal-Mechanik-Modell

„Pantechno"

ersetzt eine ganze Reihe von kostspieligen Einzelapparaten und ermöglicht die Einrichtung von Schülerübungen. Der „Pantechno" leitet zum wirklichen Können und selbständigen Denken an und behütet vor dem rein mechanischen Auswendiglernen von Lehrsätzen und Formeln.

Ausführliche Drucksachen über Diapositive (Glaslichtbilder), Projektions- und kinematographische Apparate, Modelle und Wandtafeln stehen zur Verfügung.

Aufgaben aus der technischen Mechanik. Von Professor **Ferdinand Wittenbauer**, Graz.

Erster Band: Allgemeiner Teil. 839 Aufgaben nebst Lösungen. Fünfte, verbesserte Auflage bearbeitet von Prof. Dr. **Theodor Pöschl**, Prag. Mit 640 Textabbildungen. (289 S.) 1924. Gebunden 8 Goldmark

Zweiter Band: Festigkeitslehre. 611 Aufgaben nebst Lösungen und einer Formelsammlung. Dritte, verbesserte Auflage. Mit 505 Textfiguren. (408 S.) 1918. Unveränderter Neudruck. 1922.
Gebunden 8 Goldmark

Dritter Band: Flüssigkeiten und Gase. 634 Aufgaben nebst Lösungen und einer Formelsammlung. Dritte, vermehrte und verbesserte Auflage. Mit 433 Textfiguren. (398 S.) 1921. Unveränderter Neudruck. 1922.
Gebunden 8 Goldmark

Graphische Dynamik. Ein Lehrbuch für Studierende und Ingenieure. Mit zahlreichen Anwendungen und Aufgaben. Von Prof. **Ferdinand Wittenbauer †**, Graz. Mit 745 Textfiguren. (813 S.) 1923. Gebunden 30 Goldmark

Lehrbuch der technischen Mechanik für Ingenieure und Studierende. Zum Gebrauche bei Vorlesungen an Technischen Hochschulen und zum Selbststudium. Von Prof. Dr.-Ing. **Theodor Pöschl**, Prag. Mit 206 Abbildungen. (269 S.) 1923. 6 Goldmark; gebunden 7.25 Goldmark

Grundzüge der technischen Mechanik des Maschineningenieurs. Ein Leitfaden für den Unterricht an maschinentechnischen Lehranstalten. Von Prof. Dipl.-Ing. **P. Stephan**, Regierungsbaumeister. Mit 283 Textabbildungen. (166 S.) 1923. 2.50 Goldmark

Leitfaden der Mechanik für Maschinenbauer. Mit zahlreichen Beispielen für den Selbstunterricht. Von Prof. Dr.-Ing. **Karl Laudien.** Mit 229 Textfiguren. (178 S.) 1921. 4 Goldmark

Technische Elementar-Mechanik. Grundsätze mit Beispielen aus dem Maschinenbau. Von Regierungsbaumeister a. D. Prof. Dipl.-Ing. **Rudolf Vogdt**, Aachen. Zweite, verbesserte und erweiterte Auflage. Mit 197 Textfiguren. (164 S.) 1922. 2.50 Goldmark

Technische Schwingungslehre. Ein Handbuch für Ingenieure, Physiker und Mathematiker bei der Untersuchung der in der Technik angewendeten periodischen Vorgänge. Von Privatdozent Dipl.-Ing. Dr. **Wilhelm Hort**, Oberingenieur, Berlin. Zweite, völlig umgearbeitete Auflage. Mit 423 Textfiguren. (836 S.) 1922. Gebunden 24 Goldmark

Grundzüge der technischen Schwingungslehre. Von Prof. Dr.-Ing. **Otto Föppl**, Braunschweig. Mit 106 Abbildungen im Text. (157 S.) 1923. 4 Goldmark; gebunden 4.80 Goldmark

Weickert-Stolle, Praktisches Maschinenrechnen. Die wichtigsten Erfahrungswerte aus der Mathematik, Mechanik, Festigkeits- und Maschinenlehre in ihrer Anwendung auf den praktischen Maschinenbau.

I. Teil: **Elementar-Mathematik.** Eine leichtfaßliche Darstellung der für Maschinenbauer und Elektrotechniker unentbehrlichen Gesetze von Oberingenieur **A. Weickert.**

Erster Band: **Arithmetik und Algebra.** Neunte, durchgesehene und vermehrte Auflage. (231 S.) 1921.

1.50 Goldmark; gebunden 2 Goldmark

Zweiter Band: **Planimetrie.** Zweite, verbesserte Auflage. Mit 348 Textabbildungen. (238 S.) 1922.

4 Goldmark; gebunden 4.70 Goldmark

Dritter Band: **Trigonometrie.** Zweite, verbesserte Auflage. Mit 106 Textabbildungen. (167 S.) 1923.

2.75 Goldmark; gebunden 3.75 Goldmark

Vierter Band: **Stereometrie.** Zweite, verbesserte Auflage. Mit 90 Textabbildungen. (118 S.) 1923.

2.50 Goldmark; gebunden 3.25 Goldmark

II. Teil: **Allgemeine Mechanik.** Eine leichtfaßliche Darstellung der für Maschinenbauer unentbehrlichen Gesetze der allgemeinen Mechanik als Einführung in die angewandte Mechanik. Achte Auflage, neu bearbeitet von Dipl.-Ing. Prof. **Hermann Meyer,** Magdeburg, und Dipl.-Ing. **Rudolf Barkow,** Zivil-Ingenieur in Charlottenburg. Mit 152 in den Text gedruckten Abbildungen, 192 vollkommen durchgerechneten Beispielen und 152 Aufgaben. (231 S.) 1921.

1.50 Goldmark; gebunden 2 Goldmark

III. Teil: **Festigkeitslehre und angewandte Mechanik** mit Beispielen des praktischen Maschinenrechnens in elementarer Darstellung. Bearbeitet von Oberingenieur **A. Weickert.**

Erster Band: **Festigkeitslehre.** Siebente, umgearbeitete und vermehrte Auflage. Mit 94 in den Text gedruckten Abbildungen, vielen vollkommen durchgerechneten Beispielen, Aufgaben und 20 Tafeln. (241 S.) 1921. Gebunden 2 Goldmark

Zweiter Band: **Angewandte Mechanik.** In Vorbereitung.

IV. Teil: **Ausgewählte Kapitel aus der Maschinenmechanik und der technischen Wärmelehre.** Zweite Auflage. In Vorbereitung

---

Freytags Hilfsbuch für den Maschinenbau für Maschineningenieure sowie für den Unterricht an Technischen Lehranstalten. Siebente, vollständig neu bearbeitete Auflage. Unter Mitarbeit von Fachleuten herausgegeben von Prof. **P. Gerlach.** Mit 2484 in den Text gedruckten Abbildungen, 1 farbigen Tafel und 3 Konstruktionstafeln. (1502 S.) 1924.

Gebunden 17.40 Goldmark

Taschenbuch für den Maschinenbau. Bearbeitet von zahlreichen Fachleuten. Herausgegeben von Prof. **H. Dubbel,** Ingenieur, Berlin. Vierte, erweiterte und verbesserte Auflage. Mit 2786 Textfiguren. In zwei Bänden. (1739 S.) 1924.

Gebunden 18 Goldmark

Der praktische Maschinenbauer. Ein Lehrbuch für Lehrlinge und Gehilfen, ein Nachschlagebuch für den Meister. Herausgegeben von Dipl.-Ing. **H. Winkel.**

Erster Band: **Werkstattausbildung.** Von August Laufer, Meister der Württemb. Staatseisenbahn. Mit 100 Textfiguren. (214 S.) 1921.
Gebunden 4 Goldmark

Zweiter Band: **Die wissenschaftliche Ausbildung.**
1. Teil: Mathematik und Naturwissenschaft. Bearbeitet von R. Kramm, K. Rüegg und H. Winkel. Mit 369 Textfiguren. (388 S.) 1923.
Gebunden 7 Goldmark

2. Teil: Fachzeichnen, Maschinenteile, Technologie. Bearbeitet von W. Bender, H. Frey, K. Gotthold und H. Guttwein. Mit 887 Textfiguren. (420 S.) 1923.
Gebunden 8 Goldmark

Dritter Band: **Kraftmaschinen, Elektrotechnik, Werkstatt-Förderwesen.** Bearbeitet von H. Frey, W. Gruhl, R. Hänchen. Mit etwa 390 Textabbildungen.
Erscheint im Frühjahr 1925.

Der vierte Band wird die Betriebsführung behandeln.

Aufgaben aus der Maschinenkunde und Elektrotechnik. Eine Sammlung für Nichtspezialisten nebst ausführlichen Lösungen. Von Ingenieur Prof. **Fritz Süchting,** Clausthal. Mit 88 Textabbildungen. (251 S.) 1924.
6.60 Goldmark; gebunden 7.50 Goldmark

Das praktische Jahr in der Maschinen- und Elektromaschinenfabrik. Ein Leitfaden für den Beginn der Ausbildung zum Ingenieur. Von Dipl.-Ing. **F. zur Nedden.** Zweite, vermehrte Auflage. Überarbeitet und neu herausgegeben auf Veranlassung und unter Mitwirkung des Deutschen Ausschusses für Technisches Schulwesen. Mit 6 Textabbildungen. (256 S.) 1921.
Gebunden 5.40 Goldmark

Lebendige Kräfte. Sieben Vorträge aus dem Gebiete der Technik von **Max Eyth.** Vierte Auflage. Mit in den Text gedruckten Abbildungen. (268 S.) 1924.
Gebunden 4.80 Goldmark

Arbeiter unter Tarnkappen. Ein Buch von Werkleuten und ihrem Schaffen. Von **Julius Lerche.** Zweite Auflage. (147 S.)
Gebunden 3 Goldmark

Franz Reuleaux und seine Kinematik. Von Dipl.-Ing. **Carl Weihe,** Frankfurt a. M. Mit dem Aufsatz „Kultur und Technik" von F. Reuleaux. Mit 4 Abb. (105 S.) 1925.
Gebunden 3 Goldmark

Lebenserinnerungen. Von **Werner von Siemens.** Zwölfte Auflage. Mit 6 Tafeln. (225 S.) 1922.
Gebunden 3 Goldmark

Werner Siemens. Ein kurzgefaßtes Lebensbild. Aus Anlaß der 100. Wiederkehr seines Geburtstages herausgegeben von **Conrad Matschoß.** Mit 1 Bildnis Siemens'. (Sonderabdruck aus dem zweibändigen Werke Werner Siemens von Conrad Matschoß.) (193 S.) 1920.
Gebunden 3 Goldmark